Sigmund von Birken

Der Donau-Strand in dreyfacher Land-Mappe vorgestellt

Sigmund von Birken

Der Donau-Strand in dreyfacher Land-Mappe vorgestellt

ISBN/EAN: 9783743448322

Hergestellt in Europa, USA, Kanada, Australien, Japan

Cover: Foto ©berggeist007 / pixelio.de

Weitere Bücher finden Sie auf **www.hansebooks.com**

Der
Donau-Strand

mit

Allen seinen Ein- und Zuflüssen/
angelegenen Königreichen, Provinzen /
Herrschaften und Städten/ auch derer-
selben Alten und Neuen Nahmen/vom
Ursprung bis zum Ausflusse:

in

Dreyfacher LandMappe

vorgestellet

auch samt kurzer Verfassung

einer

Hungar-u. Türkischen Chronik

und

Heutigen Türken-Kriegs,

beschrieben

durch

Sigmund von Birken C.Com.Pal.

Nebenst XXXIII. Figuren der vornehmsten
Hungarischen Städte und Vestungen
in Kupfer hervorgegeben

von

Jacob Sandrart/ Kupferstecher
und Kunsthändlerin Nürnberg.

ANNO CHRISTI MDC LXXI.

Dem

Hoch- und Wohlgebohrnen
Grafen und Herrn

Herrn Gottlieb

Des Heil. Röm. Reichs Grafen
und Herrn von Windischgräß/
Freyherrn zu Waldstein und im Thal/
Herrn auf Trautmansdorf/
Erbland Stallmeistern in Steyr/
Dero Röm. Käyserlichen Majestät
würklichem Reichs Hof Raht/
Rittern rc.

in der Hochlöbl. Fruchtbr. Gesellschaft

Dem Kühnen:

Meinem Gnädigen Grafen
und Herrn.

Hoch-und Wohlgeborner Graf/
Gnädiger Herꝛ!

Eine Tafel in dem Ehren-
Tempel/ iſt ein E. Hoch Gr.
Excellenz hohen Verdien-
ſten ſchuldiges Opfer. Und ich/weil
mein Glückverhängnis mich mit
dem Titel ehret/ Deroſelben Ver-
bundener zu heiſen/ bin vor andern/
E. HochGräfl. Excell. dergleichen
Opfer ſchuldig. Diß iſt nicht mein
Erſtes Bekäntnis/ und die Welt
weiß allbereit/ daß Dieſelbe mit vielen GnadWolthaten/ mich zu Dero
Eignē erkauft. Es iſt meine Pflicht/
daß ich mich Schuldner nenne/ und
den Willen in Worten zahle. Jener
Perſe/ weil er mehr nicht konde/
brachte ſeinem König beyde Hände
voll Waſſers. E. Hoch Gr. Excell.
opfere ich / mit kleiner Hand / die
Hälfte aller Waſſer Europens/ un
)(ij

groſſen DonauStrand. U
zwar / ſo gebührt Deroſelben d
Gabe/ aus vielen Urſachen, E. Ho
Gräfl. Excell. iſt / Eine von den Z
den des DonauStrandes. D
Herꜩſchaft und Veſtung Tra
mansdorf / iſt ſelbigem nächſt
nachbart/ und iꜩo gerüſt/ dem an
Donau tyranniſirendem Erbfei
da er ſich ihr nähen wolte / (welc
aber ihm/ der Höchſte Herꜩ der H
ſcharen / verbieten wird) Dan
und Feuer zukoſten zugeben. T
der Donau das Barbariſche J
abzuwenden/ hat E. Hoch Gr. C
als Hochanſehlichſter Keyſerli
Abgeſandter/ Königlichen Beyt
über Meer erworben. Und weil e
lich / dieſe auf dem Papier dal
ſtrudlende Donau/ aus deſſen
der gefloſſen/ der E. Hoch Gr. Ex

igner iſt : als iſt billich / daß auch
lche Deroſelben Eigen werde. Wie-
ohl / in dem E. HochGr. Excell.
) dieſe Gabe aufopfere / ich mehr
npfahe / als gibe : weil alſo / von
)ero vorgefügtem Hochberühmtē
lahmen / diß mein Werklein zu-
eich gezieret und geſchützet wird.
)emnach geruhe E. HochGr. Excell.
ſe Donau-Mappe / ſamt deren
)eſchreibung / in Gnaden anzuneh-
:n / als ein Schuldbekántnis und Dank-
denken Dero hohen Gnadneigung:
lche der Himmel mit ſovielen Vergnü-
ngen / als die Donau Tropfen führt /
r und dort erwiedern wolle. In deren
eharzlichkeit mich tiefſt empfehlend. /
ſchreibe ich mich hiemit auf Lebenslang
:. HochGräfl. Excell.

Untergebenſt-Schuldverbunden-
gehorſamſten Knecht /
der unwürdig
Erwachſene
Sigmund von Birken.

Vor-Erinnerung.

Land-Mappen zeichnen und Länder beschreiben/ ist eine mühsame Arbeit. Wer den Zweck richtig treffen wolte/ müste/ mit grossem Kosten / die Situation, Distanz und Beschaffenheit der Oerter und Flüsse / erstlich mit den Augen/ Füssen und Ohren / hernach erst mit den Händen abmessen. Wäre zuwünschen / daß jeder Fürst und Herr seinen verständigen Geographum, sein Gebiete zu durchwandern/ verköstete : so hätte man von allen Ländern/ eine richtige Wissenschafft zu hoffen. Gegenwärtiger Donau-Strand ist / mit sonderbarem Fleiß / aus Historischen und Geographischen Schrifften zusammen getragen worden. Demnach darf der wehrte Leser hoffen/ daß er hierinnen viel/ so er anderweit vergeblich suchet / und voraus (welches/ in den Mappen/ eines der vornehmsten Stücke ist) die Flüsse fleissig benahmet/ finden werde. Wo man gezweifelt/ hat man lieber/ was schlechte Oerter betrifft/ den Platz leer lassen/ als Ungewißheit ansetzen wollen ; bleibt also dem Leser
raum.

bunn / seine eigne Erfahrenheit mit beyzu-
ragen. Weil wir hie nit im Land der Voll-
kommenheit leben/und das Irren Mensch-
lich ist: als wird/ der bescheidene Leser, die
befindlichen Fehler mit dem Gewissen seiner eignen Gebrechlichkeit entschuldigen.

Mancher Schartecken, Bettler uñ scheel-
süchtiger Dünkelwitz / ihme einbildend/ es
sey die Correctur aller Schrifften ihm an-
befohlen/reibet seinen Eselsrüsel an ein paar
Disteln/(derer sonst ein Verständiger/unter
so viel ümherstehenden Blumen/nicht war-
nimmet) da er doch selber Bruten mit langen Ohren / und denenselben hundert Un-
forme/an-gebiehret/die man ihm im Spiegel weisen könde. Hingegen finden sich
unersättliche Geldhamstere und vielfrässi-
ge Raben / welche eines andern Erfindun-
gen mit ihren Raubers Klauen zu sich ziehen / nachdrucken und nachkratzen : und
also dem jenigen / der solche mit rechtem
Titel an sich gebracht/auch neben dem Au-
tore viel Zeit/ Mühe und Kosten daran ver-
wendet/ seine Ergetzlichkeit abstricken/und
mit einer Waare / die nicht ihr ist / handeln
wollen. – Uberdas schänden und fälschen

solche Erfindungsdiebe / die Kunstsachen
bringen den Kaufer unnützlich ums Gelt
und betrügen den Leser / indem sie solch
gantz liederlich und unrichtig nachmäkel
lassen. Also seind sie dreyfache Diebe / i
dem sie dem Nächsten den Genieß seine
Mühe und Arbeit, dem Käufer seinen Pfen
ning / und dem erfundenen Werk seine Gü
te / stehlen. Kan einer etwas bässers erfin
den / so ists ihm erlaubt / und werden all
Kunstliebende sich darob erfreuen. Aber / ei
nes andren Erfindung von Wort zu Wor
nachflecken / vor die Seine ausgeben / un
also zugleich stehlen und lügen, ist kein Thun
eines Ehrlichen Manns: Furari & mentiri,
non est boni viri. Solchen Schrifften-
Dieben / ist in den Rechten / gleich andern
Dieben / die Straffe verordnet : worvon /
nächst andern Eberh. Speckhan cent. 1.
quæst. jur. 88. mit umständen zulesen ist.
Solte ein dergleichen homo trium literaru,
sich an diese Land Mappe und Werklein
machen / wird der Autor, als ohne das eine
Keys. privilegirte Person / ihme der Gebühr
nach zubegegnen / Mittel und Gelegenheit
wissen : welcher dem wehrten Leser sich zu
freundlicher Wohlneigung empfihlet.

m!

DEr Donau-Strand / ist von Urzeiten her / (immassen / wie hernach folgen soll / der allerälteste Heidische Scribent *Herodotus* seiner gedenket) unter den Europäischen vor den Strömefürsten / und vor der grösten Welt-Strömen / gehalten worden: wie dann der Poet *Ovidius* (*a*) ihn dem *Nilo* in Egypten gleichachtet. Von ihme ist merkwürdig / daß er / (neben denen kleinern / dem *Po* in Jtalien / und der *Temse* in Engelland /) unter den grossen Welt-Strömen / allein gegen Morgen seinen geraden Lauf wendet / und wir in Hungarn etwas gegen Mittag / in Oösten aber gegen Mitternacht / sich krümmet : vielleicht aus sonderbarer Vorsicht Gottes / damit heut zu Tag der Türkische Erzfeind der Christenheit / nicht so wohl zu Wasser / als zu Land dieselbe überschwemmen und überziehen könne. Es fliest aber / dieser

A   Haupt-

a.) *de Ponto lib.* 4. *Eleg.* 10.

------ . *maximus amnis*

Cedere *Danubius* se tibi. *Nile*. negat.

HauptStrom/bey 27 *gradus,* welche zu 15
gerechnet / über 400 gemeine Teutſche
Meilen machen. Von ſeinen zweyen Namen / ſoll drunten an ſeinem Ort erwäh-
nung geſchehen.

Von ſeinem Urſprung / iſt / über an-
derthalbtauſend Jahre her / viel Dings/
aber wenig gewiſſes / geſchrieben worden:
und iſt zu bewundern / daß unter ſovielen
alten und neuen Geographen kein einiger
geweſen / der ſich bemühet hätte / dieſen
Brunnen in rechten Augenſchein zu neh-
men/und eine Abbildung deſſelben / nebenſt
einer wahren ausführlichen Beſchreibung/
vor den Tag zu legen.   Dieſen Mangel zu
erſetzen / hat / auf freundliches Erſuchen/
H. Martinus Menradt, Burger und Kunſt-
mahler zu Hüfingen/ einen Abriß/ beydes
der Landſchafft/und des Urſprung-Orts/zu
Pappier gebracht: deren dieſer in der Mappen / jener auf dem Titelblat dieſes Werk-
leins/dem wehrten Leſer in Kupfer vor Augen geſtellet wird. Bevor aber die wahre
Beſchreibung dieſes Urſprungs hinzuge-
than werde/wollen wir/was andere hiervon
geſchrieben / ordentlich nacheinander beſe-
hen und anhören..

Herodotus, (β) welcher/fünfthalbhundert Jahre vor Chriſti Geburt/die Geſchichten der Griechen am erſten beſchrieben/wandert mit dieſem Urſprung ſo weit über die Warheit hinaus/ſo weit er/als ein Grieche/von Teutſchland entfernt gelebet. Der Fluß Iſter, ſchreibet er/entſpringt bey den Celten und der Stadt Pyrene , und fleuſt mitten durch das ganze Europa. Ariſtoteles, (γ) der 100 Jahre nach ihm gelebet/bekräftiget dieſe Unwarheit/verwandelt aber die Stadt Pyrene in einen Berg / aus welchem auch der Fluß Tarteſſus entſpringe. Tarteſſus, wie uns Strabo (δ) lehrt/iſt der Fluß Bœtis im äuferſten Hiſpanien. Alſo führen / dieſe beyde/ den Donau-Strom / vom Atlantiſchen bis zum Pontiſchen Meer/und folgbar durch ganz Europa. Es iſt ihnen dieſer Sprung nicht zu verübeln / weil dazumahl Teutſchland noch

A ij unbe-

β) lib.2.Hiſt. Iſter exortus à Celtis atque urbe Pyrene, mediam ſcindit fluento ſuo Eu-

unbekandt geweſen/ und die Griechen/ die
ohnedas/ nur ſich ſelber bewundernd/ andern Nationen nicht viel nachfragten / wenig davon haben wiſſen können. Die Teutſchen hieſſen dazumal die Celten / und hatten ganz Europa innen: hat man alſo dieſen Irrtum irren können/ weil die Donau
in Teutſchland entſpringet.

Plinius (ε) und *Corn. Tacitus,* (ζ) mit
Zuſtimmung des Poeten *Feſti Avieni,* (η)
wie auch *Ptolemæus,* (θ) geben der Donau
den Urſprung im Teutſchen Gebirge Abnoba. *Jul. Solinus* (ι) und *Ammian. Mar-*
                                            cellinus

ε) *hiſt. nat. l. 4. c. 12.* Ortus hic in Germa-
niâ *jugis* montis *Abnoba,* ex adverſo *Rauri-*
ci Galliæ opidi.

ζ) *de mor. Germ.* Danubius *molli & cle-*
menter edito montis *Abnoba jugo* effuſus.

η) *deſcr. orb. terr. Abnoba* mons Iſtro pate
eſt, cadit Abnobæ hiatu.

θ) in *Germ.* Montes, quibus nomen *Ab-*
noba &c.

ι) in *Polyhiſt. c. 2. 3.* Iſter Germanicis jugis oritur, effuſus monte, qui *Rauricos* Galliæ aſpectat.

collinus, (κ) gräbt mit ſeiner Feder dieſen
Brunn / in der Nähe des Gebirgs der
Rauracer : wie dann auch *Plinius* ihn/
gegen die Stadt *Rauricum* (iſt *Augusta
Rauracorum* , izt Augſt / ein Dorf am
Rhein/oberhalb Baſel/) über/ quellen ma-
chet. *Jornandes* (λ) wandert mit dieſem
Brunn vom Gebirg ins Thal / und ſchrei-
bet/ er entſpringe in dem Almangew oder
Alemanniſchen Gefilde. Diß iſt es / was
die Alten hiervon geſchrieben hinterlaſſen.

Zu unſern Zeiten / wird von *Gerh.
Mercatore* (μ) die Donau alſo beſchrieben. Die Done oder Donau hat ihren
Namen von dem Don oder Geräuſche/
das in ihrem ſchnellen Flieſſen gehöret
wird. Sie hat ihren Urſprung am
Schwarzwald/ in dem Dorf Doneſchin-
gen/und quillt mit einem groſſen Strudel
aus der Erden heraus. Es iſt auf eine Stunde Weges herum kein Berg/wie *Münſte-
rus,* der es ſelber geſehen / bezeuget; ſondern

A iij

κ) *hiſt.l.2.* Amnis Danubius, oriens pro-
pe *Rauracos* montes.

λ) *hiſt.Goth.* Danubius in Alemannicis
arvis exoriens.

μ) in *Atl.Min.Germ.*

dern es dringet das Wasser mit einem
grossen und gewaltigen Guß aus einem
kleinen Hügel / so kaum 15 oder 16 Ellen
hoch. Sobald das Wasser aus der Quelle
heraus kommt / theilt es sich gleichsam in
Pfützen / kommt aber bald hernach in sei=
nen Canal (Rinnsaal) oder Fluß zu=
sammen.

Andr. Althamerus, (v) nachdem er
die meinsten / so hiervon geschrieben / benen=
net / gibt eine Beschreibung / die ihme / der
bey diesem Ursprung selbst auch entsprun=
gene und gebohrne D. Matthaus Neserus,
zugesendet. Die Gegend / schreibt er / in
der die Donau das Haupt hervorrecket /
heist den Anwohnern / so Schwaben oder
Alemannier sind / die Freyherrschafft Bar /
Gräflichen fürstenbergischen Gebiets /
am Schwarzwald gelegen / welchen Ptole-
maus (ξ) der Helvetier Einöde nennet. Sie
entspringt aber aus einem kleinem Brun=
nen / in dem flecken Don Eschingen / kaum
zwo Meilen vom Gestade des Rheins.
Der Ort / da sie aufquillet / ist eben und gar
nit bergicht: auser daß der Kirchhof / un=
ter

v) Comment in Germ C. Tacit.
.... 1 . c. 11. Eremum Helvetiorum.

ter welchem die Quelle iſt/ etwas höher lieget. Sobald ſie von ihrem Geburtflecken
hinausgefloſſen / nimmt ſie zu ſich einen
gröſſern Bach / als ſie ſelber iſt / die Bryge
genannt ; und bald hernach / einen andern
von gleicher Gröſſe/ den ſie Prege nennen:
und kommen / beyde dieſe Waſſer/ vom
Schwarzwald herabgefloſſen.

Paulus Henznerus JC. (o) hat *Anno*
1597. den Ort ſelber in Augenſchein ge-
nommen/und alſo beſchrieben. Zu Don-E-
ſchingen / ſihet man nahe beym Schloß/
den Urſprung des Donau-Strandes. Der
Ort dieſes Brunnens / iſt ganz eben und
ohne Gebirge: auſer daß der Kirchhof/
unter welchem er quillet / einen gemach-
aufſteigenden Hügel nicht überhängig
vorſtellet. Nit gar weit unter dem Flecken/
von welchem er ausgehet/nimmt der Bach
dieſes Brunnens einen andern etwas ſtär-
kern Bach zu ſich/ den die Anwohner Bryge nennen ; und etwas weiter hinab noch
einen andern gleich-groſſen/die Brege genannt: welche beyde vom Schwarzwald
herabkommen. Selbige Gegend ſamt etlichen umliegenden Thälern / wird von

A iiij   den

den Inwohnern die Bar oder Bor genennet.

Philippus Cluverius (π) ſchreibt von
dieſem Urſprung mit ſolchen Worten. Es
iſt ein Marktflecken / Eſchingen genannt.
In Mitte deſſen / quillet dieſer Brunn ein
immerwährendes und hohes Waſſer / mit
einer nidern Mauer eingefangen / welche
26 Schuch lang und 16 breit iſt / aus ebe-
nem Boden / auf welchem gleichwol der
Kirchhof etwas erhabener herab ſihet.
Auſer dem Flecken / nimmt dieſer Fluß
noch zwey andere etwas höher entſprun-
gene Flüßlein zu ſich / derer Namen ſind
Prege und Prige. Von dieſem Brunnen
heiſt der Ort Sonaſching : Und wollen die
Anwohner ſonſt von keinem Donau-Urs-
ſprunge wiſſen. Dieſe drey Beſchreibungen / ſind aus dem Latein hieher überſetzet
worden : aus welchen / Mart. Zeillerus (ρ)
die ſeine genommen / und nur allein noch
dieſes hinzu ſetzet / wie daß dieſer Brunn
im Schloß zu DonEſchingen aufquelle.
Nun wollen wir mit den Augen zu dieſer
Queke ſpaziren / und ihnen / H. Menradt ba-
von

π) in *Vindel.* & *Nor. c. 6.*
ρ) in *Topogr. Suev.*

von reden zu hören / die Ohren zu Gefär-
ten mitgeben / auch zugleich beobachten/
worinn vorangezogene Beſchreibungen
zum Ziel oder neben hin geſchoſſen.

So entſpringt nun die Donau/faſt
mitten in den alten Alemannien, (da izund
die *Svevi* oder Schwaben wohnen/) in der
uralten Landgraffſchaft BAR, eine Meil
von dem Gebirge / welches vorzeiten Sylva
Marciana hieſſe / und ins gemein der
Schwarzwald genennet wird. *Althame-*
rus hält dafür/weil *Herodotus* und *Ariſtote-*
les, beym Urſprung der Donau/ der Stadt
und des Bergs *Pyrene* erwähnen/diß Wort
habe eine Verwandſchaffte mit dem Namen
Bar,und es müſſe dieſe Gegend ſchon dazu-
mal/ nämlich vor 2000 Jahren / alſo ge-
heiſſen haben: wie dann Pyrene, faſt wie
Bar-au oder Barnau, lautet/und dieſe Meinung gar warſcheinbar machet. In den alten *Manuſcripten* der Geſchichtſchriften
Plinii und *Corn. Taciti,* lieſet man/ anſtat
des Worts Abnoba, Arnoba: welches dann
abermals gleichſtimmet / mit dem Wort
Barnau oder Barnou ; und hat man leichtlich aus dem R ein B machen können / alſo
daß/aus ARNOBA, ABNOBA worden.

Mart. *Cruſius* (ς) giebt uns einen alten
Stiftungsbrief/ des Kloſters S. Georgen
auf dem Schwarzwald / zu leſen: in welchem erwähnet wird / daß diß Kloſter zu
Zeiten Keyſ. *Caroli Magni*, auf einen Hügel dieſes Gebirges/(welcher / wegen ſeiner Gelegenheit/ der Wirbel von Alemannien verdiene genennt zu werden/) oberhalb des Dorfs Bara, in der Graffchaft
Eſchein, ſey erbauet worden. Aus dieſer
Urkund / laſſen ſich viel Sachen muthmaſ-
ſen. Das alt-Teutſche Wort bar , bedeutet
etwas/ daß am Liecht / am Tag und offenbar iſt: daher kommen die Wörter / bäh-
ren/ gebähren/ entbor. barhäuptig/ barfuß/
barſchaft/ und dergleichen.   Weil nun die
Graffchaft Eſchein , deren Haupt-Ort
Eſchingen wird geweſen ſeyn / ſich bis auf
den höchſten Hügel des Schwarzwaldes
erſtrecket/ und alſo/ gleich einem Wirbel/
offenbar und hoch empor geſtanden; oder
weil man/ von dort herab/ das ganze offen-
bare Land hat überſehen können: als ward
ſelbi-

   ς) *Annal. Suev. part. 2. l. 2. c. 2.* Pagus *Bara*
in comitatu *Aſchein* , in monticulo nigræ
ſylvæ, qui locus, propter terræ ſitum , vertex

ſelbiges/bis auf dieſen Tag / die Bar genen-
,net. Und weil das Dorf Bara , an dieſem
hohen Hügel und Wirbel gelegen geweſen : ſo hat *Herodotes* dieſes Pyrene wohl eine Stadt/ und *Ariſteteles* einen Berg/nen-
nen können.

Damit wir aber dem Urſprung der
Donau näher kommen/ ſo finden wir dieſen
Brunn aufquellen/ in der Herren Grafen
von Fürſtenberg Gebiete / und in dem
Marktflecken Eſchingen, welcher/ von dieſem Urſprung / DonauEſchingen oder
DonEſchingen genannt wird.Eine Abbildung dieſes Orts / ſihet der wehrte Leſer
im Kupffer : und werden ihme / die
beygefügten Buchſtaben/folgender maſſen
erkläret.

1. Ummaurter Urſprung der **Donau.**
2. Ausfluß dieſes Brunnens.
3. Erſte Donau-Brücke.
4. Gräfl.Furſtenb.Schloß.
5. Schloßhof. 6. OberThor.
7. NeueBau. 8. Alt Schloß.
9. UnterThor. 10. Luſtgärten.
11. Thiergarten. 12. PfarrKirch.
13. Pfarrhof. 14. Amthaus.
15. Junker Kripens Haus.

Schel-

16. Schellenbergischer Hof.

17. Capell S. Sebastian.

18. Kirche zu S. Lorenzen.

19. Rathaus. 20. Schützenhaus.

21. Weg nach Villingen.

22. Weg nach Hüfingen.

23. Brige Fluß. 24. Donau Fluß.

25. Weihergraben.

26. Donau Eschinger-Weiher.

27. Hinter Berg. 28. Vorder Berg.

Es nennen/ wie obgedacht/ *Mercator* und *Henznerus* diesen Ort ganz eben und ohne Gebirg/ und es sey kein Berg auf eine Stunde Wegs herum: welches aber sich anderst befindet. Dann der Flecken hat beyderseits zween Berge/ die ziemlich hoch sind. Aber der Schloßhof / wo die Quell entspringet/ liegt ganz eben/ und fähet erst hinter dem Schloß an / haltig zu werden/ und Berg-an sich zu strecken: wie dann daselbst die Kirche samt dem Kirchhof/ 14 Schuch höher/ als der Schloßhof/ gelägert ist. Hat demnach *C. Tacitus*, zweifelsfrey aus eigner Besichtigung / die Warheit geschrieben/ indem er den Ursprung-Ort / ein niederträchtiges und gemach-steigendes Berglein nennet. Es scheint aber/ das Berglein

müſſe damals beym Donau-Urſprunge angefangen haben : da dann vielleicht die
lange Zeit/ ein Theil deſſelben verzehret und
niedergeebnet; oder man hat / indem man
das Schloß / welches der Herren Grafen
von Fürſtenberg Reſidenzen eine iſt/dahin
gebauet / den Berg in etwas abge-
tragen.

Unter dieſem Schloß/wallet hervor dieſe
helle ſchöne Quelle / von dem bäſten Trink-
waſſer; und zwar/nicht mit einem groſſen
Strudel/wie Mercator ſchreibet/ ſondern
ganz ſtille. Der Brunn iſt mit einer vier-
eckichten Maur eingefaſſt/ vom grund herauf 10 Schuch hoch / und ieder Seite 20
Schuch lang : thut alſo/ der ganze Um-
fang/ 80 Schuhe. Das Waſſer lanfft/
und zwar nicht gar ſtark/durch den Schloß-
hof/neben dem untern Thor ins Feld hin-
aus/ mit einem einigen und nicht in Pfü-
zen getheilten Strom/wie Mercator abermahl fehlſchreibet. Sonſten pflegt man/
von dieſer Quelle/biß zum Ufer des Rheins
bey Schafhauſen/ 4 ſtarker Meilen ; eine
Meil zum Schwarzwald ; und zum Urſprung des Neckers/der der Donau Lands-
mann iſt / und zwiſchen den Dörfern
Schwä-

Schwäningen und HochEmingen auf-
quillet/ 3 Stunden zu rechnen.

Es heiſt mit der Donau: Junggge-
wohnt/ Alt gethan; und was eine Neſſel
werden will/ brennt beyzeiten. Denn der
Durſt/den ſie auf ihrer langen Reiſe mit
ſo manchem Einfluſſe löſchet / kommt ihr
alſobald in der Kindheit an: indem ſie/da
ſie kaum eine halbviertelſtund vom Flecken
hinausgewandert/alſobald drey gute Zech-
Züge thut / und von den zweyen leßtern
wohlberäuſchet/fortdaumelt. Der Erſte/
iſt ein Bach/ der Weyergraben genannt/
und kommt zur Linken des Fleckens / vom
DonEſchinger-Weyer herab: welcher bey
200 Juchert oder Tagwerk Felds in ſich
hält. Etwas weiter hinab / trinkt ſie zween
Flüſſe/die Brige und Brege. Beyde entſpringen oben im Schwarzwald / und der
leßtere flieſſet faſt zweymal länger / als der
erſte/ehe ſie die Donau erlauffen. Die Brige
entquillet bey dem berühmten Kloſter S.
Görgen/und fleuſt/die Stadt und Veſtung
Villingen vorbey/auf DonEſchingen. Die
Brege, nimmt ihren Urſprung im Dorf
Furtwangen; flieſt von dar / auf das
Städlein Ferenbach; ferner/ das Dorf

Wulterdingen vorbey/ nach dem Städt-
lein Breilingen; und dann auf die Stadt
Hüfingen. Nach dieſem/ kommt ſie/ über
eine halbe Stund / und eben ſo weit von
Don Eſchingen/ zum Dorf Almanshofen:
welcher Name noch ein Anzeichen gibet/
daß die Alemanier dieſer Orten gewohnet.
Endlich krümmet ſie ſich unterhalb der
Brige hinab / biß ſie mit derſelben / beym
Dorf Pfora, in die Donau fället.

Weil dieſe beyde Waſſer / ſonderlich
die Brege/ weit über der Donau entſpringen; auch / da ſie mit ihr ſich vereini-
gen/ ſtarke Flüſſe ſind/ und ſie annoch als
einen kleinen Bach antreffen: ſo ſind etliche in den Gedanken/ dieſe zwey Flüſſe ſeyen
die rechten und wahren Quellen des Donau-Strandes. Wiewohl die Anwohnere von keinem andern Urſprung / als dem
itzbeſchriebenen/ wiſſen: ſo ſind doch ſtarke
Mutmaſſungen/ die ſolches widerſprechen.
Einmahl iſt es nichts neues/ daß ein Fluß
mehr als Einen Urſprung habe: wie dann
ſolches von dem Jordan/ in Paläſting/ und
ſonſten von den vornehmſten Flüſſen / ſonderlich in Teutſchland/ bekandt iſt. Die
Teya in Mähren/ hat 4 Urſprünge / die
                                          groſſe

groſſe/kleine/ obere und niedre Teya. Die
Elbe/ſoll davon den Namen haben / daß ſie
aus Eilf Brunnen zuſammen flieſſet. Der
Mayn / ſchießt aus dem Fichtelberg herab
mit zweyen Flüſſen / deren einer der rothe/
der andere der weiſſe Mayn heiſſet. Vom
Rhein weiß man/daß ſeine zwey Urſprung.
Flüſſe/ der hinter und vörder Rhein/ faſt
eine ganze Tagreis voneinander aufquellen/
Wer weiß / was etwan vorzeiten vor eine
U reutſche Nation üm dieſe Gegend gewohnet / und dieſen beyden Donau-Ur-
ſprüngen ſolche zween Namen gegeben/
die ihnen nachmahls geblieben ſind? Es
kan wohl Brige und Brege ſo viel heiſſen/als
Ober und Unter/Hoch und Nieder/Hin-
ter und Vörder ꝛc. Sonſten wollen dieſes
etliche auch damit beweiſen / weil *Plinii*
obangezogene Worte ſagen/die Donau entſpringe aus den Bergen *Abnobæ;* weil
auch *Strabo* (τ) und *Mela* (υ) von Brün-
nen / und nicht von einem Brunn reden :
wiewohl *Cluverius* dieſen Beweiß vor un-
gül.

(τ) lib.7.Fluminis ſuperiores partes, quæ
verſus *fontes* ſunt, *Danubium* dixerunt.

  (υ) *lib. 2.c. 1.* Apertis in Germania *fonti-*

gültig achtet. Endlich / weiln die Wörter
Pyrene und *Arnoba* die *Bar* andeuten / und
aber die Brige oben auf dem Gebirge bey
S. Georgen entſpringet / wo vordeſſen /
nach ob-angezogenen Worten des Stift-
briefes / das Dorf *Bara* gelegen; weil auch
etliche Alten / dieſen Brunn auf dem Gebirg ſuchen heiſſen: ſo iſt nicht unwarſchein-
bar / daß dieſe zween Gebirg-Brunnen
auch Donau-Quellen ſeyen. Sie mögen
auch wohl / von ihrem Gebirg - Urſprung /
mit Verſetzung zweyer Buchſtaben / die
Birge und Berge heiſſen : wie dann dergleichen Buchſtabverſetzungen in Bruñ
Born / Brut ge Burt / Bruſt Borſt / Erle
Eller / u. dergleichen / der Teutſchen Sprache nicht ungemein ſind. Es iſt aber hier-
mit niemanden vorgeſchrieben / und ſtehet
iedem frey / hievon nach belieben zu glauben.

Was den Nahmen dieſes Stromes
belanget / ſo will *M. Zeillerus* ſolchen von
dem Wort Abnoba herführen / daß er alſo
auf alt - Teutſch d'Abnov oder d'Avnov
heiſſe. Es iſt aber nit gewöhnlich / daß die
Flüſſe nach den Bergen heiſſen / woraus ſie
entſpringen : Zu dem daß droben von dem
Wort *Abnoba* ein anders erwieſen worden.

- *Mer-*

Mercator will/dieser Strom werde / von
dem Geräusche und Seethöne im Fortflies-
sen / die Done oder Don-au genennet. Und
diese Meinung ist gar wahrmässig: Immassen er auch / den Anwohnern / nicht
Donau sondern Dona heiset. Dergleichen
Nahmen haben auch/zweifelsfrey aus gleicher Ursache / (weil die Teutschen vorzeiten ganz Norden / wie auch das Europäische Scythien / bewohnet /) die *Düne* in
Liefland/ und der *Don* oder *Tanais* in der
Crimeischen Tartarey/deren jene bey Riga
in den Belt/und dieser in den See Propontis, sich stürzet. Die Römer und Griechen
haben das Wort Δανυβις (wie ihn *Strabo*
und *Ptolomaus* nennen/) oder Δάνυβις und
Danubius daraus gemacht. Sonsten hat
er ihnen auch Ister und Ἱστρος geheissen/
sonderlich den Griechen / zu denen er mit
diesem Nahmen geflossen kömmt: Wovon
unten an seinem Ort soll gesaget werden.

Wir wollen nun an beyden Ufern hinab spazieren/und die an der Donau liegen-
de Oerter / Länder und Herrschafften/ so-
wohl auch die dareinfliessende Wasser /
(derer *Plinius* Sechzig / und die Hälfte
Schiffreich/gezehlet/) in Augenschein nehmen.

men. Nachdem das noch kleine Bächlein
der Donau/durch Zusatz vorgedachter bey=
der Flüßlein/ (unter denen die Brige/ihr
auch den Brunnbach zuführet/) verstärket
worden/ wäschet sie daher an den Fürsten=
bergischen Kloster und Markt Neidingen,
auch an denen Städtlein Geysingen und
Möringen: zwischen welchen beyden / sie
jenseits die Oder trinket. Ferner so netzet sie/
die Fürstl. Württenbergische Städtlein
Düttlingen und Mülheim ; und nachdem
sie zwey Flüßlein / die Bera und Smeiha,
zu sich genommen / lauffet sie zur rechten/
das Kloster Inzhofen und die Fürstl. Ho=
henzollerische Residentz Sigmaringen vor=
bey / auf das Truchseß-Waldburgische
Städtlein Scheer ; von daraus sie / ober=
halb zur linken die Lauchart , unterhalb
aber zur rechten/ beym Oesterreich. Städt=
lein Mengen, die Ablach mit der Andels=
bach/bald hernach auch die Ostra , und a=
bermals/ nit weit von Oesterr. Nellenbur=
gischen Städtlein Riedlingen , die
Schwarzach eintrinket. Nach diesem/
schickt ihr der Feder-See sein Wasser die
Kanzachzu ; und weiter hinab zur linken/
trinkt sie die Lauter ; kommt darauf zum
Klo=

Kloſter Marchthal , und zum Oeſterreich-
Städtlein Munderkingen ; empfähet fer-
ner/ beym Würtenberg. Städtlein Ehin-
gen, zur linken die Sweiha, zur rechten aber/
von der Reichsſtadt Biberach herab / die
Riß, und etwas weiter hinab die Roht. Alle
dieſe Waſſer/ſind nur kleine Flüßlein / und
faſt nur Bäche zu nennen.

Aber weiter hinab / bekommt ſie einen
ſtarken Zuſatz/ von der ILER, den Römern
Ilargus genennt : Welches Stromes Waſ-
ſer/ der Röm. Feldherr (nachmals Keyſer)
Tiberius, wie *Pedo Albinovanus* an die
Livia poetiſiret / (φ) mit dem Blute der
Vindelicier gefärbet. An dieſem Fluſſe ligen die beyde Reichsſtädte/ Kempten und
Memmingen / welche uralte Römerſtädte
waren/ und jene *Campidunum,* dieſe *Roſtrum*
Nemaviæ geheiſen. Er bringt der Donau
noch zween Flüſſe mit/ nemlich die Eſchach
und Aitrach.

Gegen dem Einfluß der Iler zur rechten Hand über / fällt von Blaubeyrn her
die Blavv in die Donaw : an deren Ein-
ſchuſſe ✠ oberhalb des Kloſt. und Markts
Seff-

φ) ſanguine nigro Decolor infectâ teſtis
Ilarous aquâ.

Seflingen, unterhalb aber die berühmte und des Schwäbischen Kreisses (in welchem sonst noch 30 Reichsstädte gezählet werden) Außschreibende Reichsstadt ULM liget. Diese erste Hauptstadt an der Donau/ist uralt/ und hiese zu der Römer Zeiten Alcimoënnis: Wiewol sie inzwischen lang in Abgang gewesen / und erst unter Keys. *Ludovico Bavaro,* vor 300 Jahren/ wieder in Aufnahm gekommen. Sie wettpranget mit andern Städten/an herrlichen Gebäuden / trefflicher Befestigung/ Macht und Reichtum : Inmaßen ihr drey Grafschaften zugehören / und der Ulmer Geld ein Stück des alten Sprüchworts ist. Der Stadt Lager/ist Oval oder langrund/und der Umfang bey 6400 Schritte. Die Haupt = Kirche/ zu Unser Frauen genannt / ward Ann. 1464 angefangen/ und erst nach 24 Jahren außgebauet/worzu 9 Tonnen Geldes verwendet worden. Es ist keine höhere und weitere Kirche in Teutschland/und werden von unten an/nur biß zum Thor/ 304 Werkschuche gezählt : Im übrigen/weichet sie/an Würde/allein der Straßburgischen. Von dieser
Stadt

Stadt iſt *Mart. Cruſius in Annalibus*, und
Mart. Zeilleri Topographia Sueviæ zu leſen.

Nachdem die Donau / durch die Iler/
ſchiffreich worden/und das Kl. Elchingen
vorbey gelaufen/bringt ihr/zur Rechten/die
Rot die Nahe mit; und gegen dem Bay-
riſchen Marktflecken Ried über /empfähet
ſie/unter dem Ulmiſch. Städtlein Leipheim
die Günz: Welche/unter dem alten Nahmen Guntia, auch ein Zufluß iſt/ſo den Römern bekandt geweſen. Beym Einfluß
deſſelben / liegt die Stadt Gunzburg , wo-
ſelbſt die Oeſterr. Burgauiſche Regirung
iſt. Das Schloß und Markt Burgau/
(den Römern *Buriciana* genannt/) das
Haupt dieſer Marggrafſchaft/ liegt etwas
weiter hinab / zwiſchen der Camlach und
Mindel , welche beyde Flüſſe von dannen
auch der Donau zulauffen. Zur Linken/
zwiſchen Gundelfingen und Lauingen,
zweyen Pfalz - Neuburgiſchen Städten/
bekommet ſie abermals einen ſtarken Zuſatz
von der Brenze, die den Römern Bregantia
hieſe/von der Reichsſtadt Giengen ſich her-
abſtürtzet und die Lon mitbringet. Nach
dieſem / erreichet die Donau/ zur Linken/
die Biſchoff. Augsburgiſche Sitzſtadt und

Nach-

HohSchul Dillingen ; und weiter hinab/
beym Einfluß der Egweid,die Pfalz-Neu-
burgische Stadt Höchstett; abermals die
ChurBayr.Stadt Donawerd, da zur Linken die Werniz, zur Rechten aber und un-
terhalb/ die Zusam und Smutter einfliessen.

Etwas weiter hinab/verschwestert und
vermählet sich gleichsam die Donau/mit einem ihr gleich-grossen Strom/dem schönen
LECH : welcher oben in den Rhätischen
Alpen entspringet/die Städte Fuessen und
Schongau (deren jene Bischof.Augsbur-
gisch ist/und haben sie vorzeiten *Abudiacum*
und *Esco* geheisen) vorbey lauffet / bey
Augsburg die von der Geltach und Gen-
nach vermehrte Wertach / (vorzeiten *Vin-
da* (χ) genannt) und die Sinkl zu sich
nimmt / und einem alten Schloß an der
Donau/von seinem Einfluß/ den Namen
Lechsgmünd giebet.

Es ward aber der Lech/von den Römern/
Licus oder Lichus , und die Anwohnere
Licatii genennet : immassen auch *Ovidi-
us* ($\dagger$) seiner gedenket. Sonsten wird das

   χ)vid.*Pet.Bert.rer.Germ.lib.3.c.6.*

   $\dagger$) *de Ponto* l.1. el.6. nisi *Lichus* in He-
brum confluat.

schöne Thal oberhalb Augsburg / wodurch
der Lech fliesset / von ihm das Lechthal genennet.   Nit weit von Lechsgmund abwarts /
stürzet sie sich / unterhalb dem Bähr. Städtlein Rain, (vorzeiten *Clarenna* genannt /)
in die Donau das Wasser *Acha* , welches
gleichsam die Scheidwand ist / zwischen
Schwaben und Bayrn.

Die Stadt AUGSBURG / ist von
uralten Zeiten her / und vor Anfang des
Römischen Reichs / die Hauptstadt der
Vindelicier gewesen / dazumal sie *Damasia*
soll geheissen haben.   Nachmals hat sie
Keyser *Augustus* , nach seinem Nahmen /
Augusta Vindelicorum genennet.   Ist eine
herrliche / grosse / schöne und wohlbevestigte
Stadt / und berühmt von vielen denkwürdi-
gen Geschichten : Als von der Hunnen
Niederlage / durch Keyser Otten I. im Lech-
feld daselbst A. 955 beschehen / worbey die
Weber von Augsburg sich so tapffer sollen
gehalten haben / daß ihnen der Keyser des
Hunnischen Königs Wappen / einen roth-
und geel-gewürffelten Schild / verliehen ;
ferner von der daselbst A. 1284. vorge-
gangenen Belehnung der Habsburgischen
Familie / mit dem Ertzherzogtum Oester-
und &c.

reich; von Ubergebung / A. 1530/ der
Augsburgischen *Confession* ; von vielen
Reichstägen ; und von der A. 1653 alda
verrichteter Wahl des Römischen Königs
Herrn *Ferdinandi IV.* Christglorwürdig-
sten Andenkens. Es ist auch daselbst ein uraltes Bistum/deme heutzutag Herr Ertzher-
zog Sigismundus Franciscus hochlöblichst
vorstehet.

Also ist nun SUEVIA oder Schvvaben-
land, (welches vorzeiten/zur Linken der Donau / die *Alemanni* und *Hermunduri,* zur
Rechten aber die *Vindelici* bewohnet/) die
Erste Provintz dieser Ströme-Fürstinn:
in welcher sie das Bistum Augsburg , das
Herzogtum Würtenberg , die Landgraf-
schäft Nellenburg, das Marggraftum Bur-
gavv, und das Fürstentum Hohenzollern,
neben vielen Graf- und Herrschafften/
durchgiesset/20 Städte, 5 Klöster, 7 Märkte und viel Dörfer beströmet/und 2 grosse samt 24 kleinen Flüssen empfähet / von
denen ihr sonst noch über 9 mit zugeführet
werden. Althamerus gedenket noch/unter
Dillingen der Gled / und unter Höchstett
der Egeiß: welche aber anderswo nicht be-
nennet werden. Es ist aber das Land

B   Schwa-

Schwaben / unter den Reichs Kreißen der
Siebende / und hat zu Ausschreibenden
Fürsten / den Herrn Bischof zu Costantz /
und den Herrn Herzog zu Würtenberg.
Dieser Herzog hat heutzutag / linksseits der
Donau / den grösten und bästen Theil von
Schwaben innen : massen in diesem herrli=
chen Wein - und Getraidland / auser den
Reichs-und andern Städten / derer Wür=
tenbergischen über 60 gezehlet werden.

AusSchwaben / nimmt die Donau ihren
Lauf in das Bayrland, sonst BAVARIA ge=
nañt / u. gibt daselbst den ersten Kuß / der O=
berPfältz ResidenzStadt Neuburg. Dar=
nach empfähet sie zur Linken die Usel, und
weiter hinab die Schutter, deren Einfluß von
der ChurBayr.Universitet.und Haupt Ve=
stung Ingolstadt geadelt wird.Gegenüber
ist / der unterm Einfluß der Atha gelegene
Flecken Winten, das alte Vetoniana.Nach=
dem hierauf die Donau zurRechten die Par,
einen starken Fluß / zu sich genommen / und
das Kloster Münchsmünster zurücke ge=
bracht / trinkt sie / unterhalb des Märktss.
Vohburg, (welcher vorzeiten eine Sitzstadt
der Marggrafen diß Nahmens gewesen /
auch zu der Römer Zeiten Germanicum

geheiffen/) einen nicht-kleinern die Ilm;
und weiter hinab/ben der ChurBayrifchen
Neuftadt, die Abenft, eine Meil über A-
bensberg / des vortrefflichen *Historici* Johannis *Aventini* Geburtsftadt / die der
Römer *Abufina* ift. Nach diefem/ flieft
fie/ das Kl. Weltenburg vorbey / auf die
Stadt Kelhaim , alda ihr die ALTMUL
(ein ziemlicher Strom/ der in den Römi-
fchen Schrifften / nach *Bilibaldi Pirkhei-
meri* Meinung/Almonus heifet/) zur Lin-
ken/neben mehr andern Waffern / die Lau-
tra/ Schwarzach/ Sulz und Laber mitbringet. Diefe Altmül fpazirt einen langen Weg durch das Frankenland / in welchem fie auch / nicht weit von der Fürftl.
Brandenburgifchen Refidenz ONOLDS-
BACH/entfpringet.

Diefe Provinz FRANKEN/ zu Latein Franconia genannt/welche den Sech-
ften ReichsKreiß machet / wird zwar von
der Donau nicht berühret / ift aber derfel-
ben allernächft benachbart. Es ift/der
Mayn/diefes Landes Hauptfluß / welcher
die zween andere/ als die Rednitz und Tau-
ber/in fich trinket. Es hat 3 Biftümer/
Bamberg/ Würzburg und Aichftatt/und zu

B ij   Reichs

Reichsfürsten/ die Herren Marggrafen zu
Brandenburg/ als Burggrafen zu Nürnberg: derer einer/neben dem Herrn Bischof
zu Bamberg / dieses Kreißes ausschreiben-
der Fürst/ gleichwie Nürnberg unter den ç
Reichsstädten (die andre heisen / Roten-
burg/Winsheim/Schweinfurt / Weissen-
burg/)die ausschreibende Stadt ist. Es be-
wohnten vorzeiten diesen Strich Landes/
die Alemannier/ Hermundurer und *Narisci.* Nachmal ward es den Römern unterworfen; und folgends durch die Franken den Römern ab-erobert: unter denen
es erstlich ein Königreich/ nachgehends ein
Herzogtum/ letzlich von K. Pipino , Keys.
Caroli Magni Vattern/dem Bistum Würzburg geschenket worden / und schreibt sich
der Herr Bischof annoch einen Herzogen
in Franken. Die *Narisci* waren Völker/so
von den *Noricis* über die Donau herüber
giengen/und sich daselbst zwischen die Rednitz und den Wald *Hercinia*/so izt der Böhmerwald heiset / niederliessen : daher sie die
Norischen oder *Norisci*, (woraus die Zeit
Narisci gemacht/) und das Land das No-
rischgaw oder Nordgau / genennet worden.

Dieses

Dieses Landes Hauptstadt ist/die vom
sande/andere wollen/ vom Drusus Nero/
benahmte Stadt Norisburg/oder NÜRN-
BERG: welche / weil sie auch mitten in
Teutschland liget / billig das Herz des
Reichs zu nennen ist. Ihr uraltes Schloß
war/von Caroli Magni Zeiten her / gleichsam ein Schoß der Teutschen Keysere/dar-
inn sie vielfältig geruhet; dahin auch die
Glieder des Reichs überofft/ auf Reichsta-
ge/ sich zu ihrem Haupt versamlet. Sie
ward zwar / wegen ihrer Treu gegen dem
Vatter/ A. 1108 von dem Sohn Keys.
Heinrichs IV zerstöret: aber nachmals A.
1140 von Keys. Conraden III. aufs herr-
lichste wiederum aus den Steinhaufen erhoben. Sie Ruhm-werth streitet mit andren
Reichsstädten / an wolbestellter Staats-
Art und Republik/ an Macht und Reichtum / auch nutzbarer Handelschaft und
Handwerkskünsten/welcherwegen sie wohl
ein Zeughaus des ganzen Reichs heissen
mag. Sonsten pranget sie mit dem Keyserlichen Ornat und Heiltums-Schatze /(der
daselbst / in der unlängst schön-erneu-
erten Hospital Kirche zum Heiligen Geist/
verwahrlich aufbehalten wird/) mit der
B iij   welt-

weltbelobten Univerſitet Altdorf / mit dem
zierlichen Rathaus/u.wolverſehenem Zeug-
haus/ mit der trefflichen Bibliothek/ auch
durchgehends mit ſchönen Kirchen / herrlichen Paläſten und ſonſt vielen Seltenhei-
ten. - Inſonderheit ward ſie beruhmſeeligt/
durch den vor 14 Jahren daſelbſt abge-
handelten Teutſchen Friedvollziehungs-
Schluß : da dann von dieſem Noris-Ber-
ge/gegen alle Ende der Welt ausgelaufen/
die lieblichen Füſſe der Boten / die den Frieden verkündigten. Sie führt in ihrem rohten Wappenſchilde / neben dem ſchwarzen
Halb-Adler/drey weiſſe Flüſſe/ welche ſind
die Schwarzach/Pegniß und Rednitz/ als
mit welchen ihre Gebietſchaft bezirket iſt.

Die PEGNJTZ/von deren dieſe Stadt
in der mitte getheilet wird / entſpringt 8
Meilen/oberhalb der Städt/auf dem Ge-
birg/im Obern Marggraftum/bey dem Fle-
cken Lindenhart/2 Meilen von|der Fürſtl.
Reſidenz BAYREUTH(alwo/in dieſem
Jahr das Illuſt. CHRISTIAN-ERNESTINUM

bruck und Lauf herab: bis sie endlich / eine
kleine Meil unter Nürnberg / bey dem
M. Fürt/ in die Rednitz / und mit derselben
unter Bamberg in den Mayn fället.

Aber wir kehren zu unser Donau wie-
der/ und spaziren an dem Ufer weiter fort:
da wir sie dann/ den Chur Bayrischen Flecken Abach und das Kloster Prüfingen
vorbey/ auf Regensburg zueilen/ vorhers
aber zur Linken die Laber und NAB ver-
schlingen sehen : welcher letztere (Nabus)
einer von den 4 Flüssen des Fichtelberges
ist/ und die Creusen/ Pfreimbt/ Schwartz-
ach/ und Vils/ der Donau mitbringet. Seiner erwähnet Ptolemäus/ als eines den Römern bekandten Donau-Einflusses.

Die Reichsstadt REGENSBURG,
an der Donau die zweyte Hauptstadt/ liegt
zur rechten Seite des Stroms / und wird/
durch eine lange steinerne Brücke/ (welche
nach der zu Dresden/ die gröste in Teutschland ist) dem gegenüber ligenden Städtlein/
Bayrisch-Hof genannt / angehänget: alda
der Fluß REGEN, von dem Böhmerwald
herab/ mit Zuziehung der Champ und
sonst vieler Flüßlein / ein starkes Wasser
bringend/ sich der Donau schenket. Von
di-

diesem Fluß/ hat die Stadt den Namen ;
wie sie dann auch/bey den Römern/Regina
Castra geheissen: muß also/ der Name
dieses Zuflusses / den Römern bekandt gewesen seyn / wiewohl er sonst in ihren
Schriften nicht zufinden ist. Diese Stadt
hat einen Bischof / und neben ihm noch
vier Geistliche Stift / so ReichsStände
sind. Sie ware vorzeiten/eine Residenz
der Könige und Herzogen in Bayrn. Sie
ist berühmt / von vielen Reichstägen und
KeyserKrönungen: wie dann auch itzund/
da dieses geschrieben wird / in einer höchst-
ansehnlichen Versammlung / Haupt und
Glieder daselbst von des Reiches Wolfart/
sonderlich wegen itzigen Türkenkriegs / löb-
lichst rathschlagen: worzu/ der hochheiligste
Raht der Ewigkeit/Eintracht/Weißheit u.
Gedeyen höchst allergnädigst verleihe wolle.

Von Regenspurg/kommt die Donau/
zur Linken/auf das Städtlein Donaustauf,
unter welchem sie die Wisent , ferner zur
Rechten/beym Flecken diß Namens / die
Pfetter, weiter hinab die grosse und kleine
Laber, zu sich nimmet. Hierauf folget
an ihrem Gestade/die schöne Stadt Strau-
bingen, der Römer Serviodurum : Wor-

unter die Aiterach, zur Linken aber die Kin-
sach und Mannach, sich in die Donau vers
lieren.   Zwischen diesen beyden Flüßlein/
ligt an der Donau das berühmte Kloster
Ober-Altaich;und beym Einfluß der Man-
nach/ das alte Schloß und Markt Pogen.
alwo vor uralters berühmte Grafen diß
Namens gesessen/so aber schon langst abge-
storben.Zur rechten folget/das Schloß und
Markt Natternburg, gegenüber die Stadt
Deckendorf, und weiter hinab das Kloster
Nieder-Altaich.

Gegen Deckendorf über/ zur rechten/
verschwestert sich abermals mit der Donau/
ein grosser Strom/die ISER, vorzeiten Jsar-
gus genannt. Dieser Fluß/ entspringet o-
ben in den Tiroler Alpen / nit ferne von
Jnsbruck/und nimmt zu sich die Loysa/ die
Mosach bey der Bischofflichen Stadt Frey-
singen/die Sempta/ und bey Mosburg die
Amber / (welcher nit-kleiner Strom dem
Amber See/durch den er fliesset/ alwo vorzeiten die Edlen Grafen von Andechs/
Diessen und Amergaw gesessen/seinen Namen gibet/)folgends die Wirm/(die ihr der
Wirm See sendet/)die Glon/und andere/
die er der Donau mitbringet. An diesem des
B v   Jsar

Landes HauptStrom / ligt die Hauptstadt
des Landes / die ChurBayrische Residenz
MÜNCHEN : von dem sie auch / zu der
Römer vorzeiten / Jsarisca geheisen / wie *Cluverius* angemerket.

Nach Empfang dieses Zuflusses / wal-
let die Donau weiter hinab / neben dem
Städtlein Osterhofen und Markt Kinzen,
(welche beyde vorzeiten Petrensia und
Quintana geheissen /) bis zum Städtlein
Vilshofen, deme die daselbst einfliessende Vils
den Namen gibet. Endlich empfähet sie a-
bermals einen Bruder in die Arme : dann
bey der Bischofflichen Stadt Passau / vermählet sich mit ihr der INN-Strom / von
den Römern Ænus genannt; welcher / als
unter allen ihr- zufliessenden Strömen der
grösste / und an Wasser ihr mehr überlegen /
als ungleich / wohl möchte der Donau Gemahl genennet werden. Er entspringt zu
äuserst oben in den Rhätischen Alpen / und
nachdem er / durch Tirol ihm eine Strasse
suchend / fast zu Ende derselben die Haupt-

bringet: ferner ob-und unterhalb der Stadt
Wasserburg/die Eberach und andere in der
Mappe benahmte Flüsslein; wiederum bey
Oettingen und Müldorf/(in welcher Gegend A.1323 die Schlacht Keyf. *Frideri-
ci Pulchri Austriaci*, mit Keyf. *Ludovico
Bavaro* sich begeben / da jener geschlagen
und gefangen worden/) die Jsenz; nicht
weit darunter die Alza/so ihme von Chiem-
see her die Acha und mehrere mitbringet;
bald darauf die Salza,(so der Römer Juvavus
ist/von dem auch / die daran-liegende Erzbischofliche uralte Stadt SALZBURG/
den Namen *Juvavia* bekommen/)mit deren
ihr zugleich die Sal/ein starkes Wasser/die
Sur/ und etliche andere Flüsslein zuschies-
sen; abermals / bey der Stadt Braunau/
vom Mattsee-her/ die Mättich; und endlich die Rot bey Schärding : anderer kleinen Wässerlein/ die in der Mappe zum theil
benahmet sind/dißorts zu geschweigen·
　　Die vor-erwehnte Stadt PASSAU,
an der Donau die dritte Hauptstadt/vom
Römischen Feldlager vorzeiten Castra Ba-
tava genannt / (daher dieser heutige Name
kommet/) hat noch zwo Städte neben sich/
an die sie durch zwo Brücken gehäftet

wird/ nämlich zur rechten/ jenſeit des Jnns/
die Innſtadt, die der Römer Bojodurum iſt ;;
Zur Linken aber/ jenſeit der Donau , unter
denn Biſchofflichen Siz Oberhaus / die
Ilſtadt, welcher die vom Böhmer wald her-
abkommende und daſelbſt einflieſſende Ils-
den Rahmen gegeben. Alle drey Städte/
ſind dem Herrn Biſchof ganz unmittelbar
unterworfen. Dieſe Stadt iſt berühmt/
unter andern wegen des/ von Keyſ. Carln 5
und Churf. Morizen zu Sachſen/ A. 1552.
daſelbſt aufgerichteten Reltzion Friedens/
welcher vannenhero der Paſſauiſche Vertrag genennet wird. Das Biſtum iſt
durch *Corolum Magnum*, von Lorch aus
Oeſterreich/ als ſelbigen Ort die Hungarn
zerſtöret/ hieher verſetzt worden. Sonſten/
entſtunde allhier / A. 1662 den 27 April.
N. Cal. üm 2. Uhr Nachmittag / eine
jämmerliche Feuersbrunſt/ welche / durch
einen Oſt- und Weſtwind in die weite
aufgeblaſen / in einer halben Stund die
ganze Stadt Paſſau / und abends über den
breiten Jnn-fluß hinüber lohend/ auch die
Jnnſtadt in vollen Brand geſtecket: alſo
daß jene/ bis auf den Neuen Markt von 60
Häuſern/ dieſe aber bis an die Gerbergaſſe/

sich elendiglich in die Aschen setzen müssen/
aus welchen sie nun wieder empor steiget.

Die Stadt Passau / und was etwan
noch ein paar Meilen hinab darzu gehört/
ist die Gränze/ gleichwie vor alters zwischen
Vindelicia und *Norica,* also heut zu tag zwischen Bayrn und Oesterreich / und endet
sich alhier/ auch längst der Saltza hinauf/
das Land BAYRN oder BAVARIA, un-
ter den Reichs Kreißen der Vierte: in welchem disseits der Donau auch die Ober-
Pfaltz, samt der Landgraffschaft Leuchten-
berg, sonsten aber die Bistümer / Salzburg,
Passau, Freysingen und Regensburg, mit
begriffen sind/ und sind der H. Churfürst/ neben dem H. Ertzbischof zu Saltzburg/ dieses
Kreißes Ausschreibende Fürsten. Die *Boji,*
dieses Landes erste in Schrifften bekandte
Einwohner/ sind aus Böheim /daselbst sie
zuvorhin gewohnet/ über die Donau herüber den Markmannen entwichen/ und von
der Zeit an die *Boyren*, zu Latein *Bavari,*
genennet worden.

In diesem Lande/ netzet die Donau a-
bermals 13 Städte und über 1 2 Klöster und
Marktflecken, und empfähet / nächst 5
Haupt Strömen, 17 kleine Flüsse ; werden

ihr auch von jenen/die gar kleinen nit mit-
gezehlet/noch 16 zugeführet. M. Zeiller
erwähnet (α) einer Verzeichnis/in welcher
der Fließwasser in Bayrn / 540 gezehlet
werden: welche/weil sie alle der Donau zu-
lauffen/des Plinius Anzahl allein achtmal
übertreffen. An diese Provinz stöst/gegen
Italien und den Alpen/eine andere/das alte *Rhatia*:dessen grösten Theil ihr heutzutag
die Gefürste Grafschaft TIROL zueignet.

Aus Bayrn / eilet die Ströme-Keyse-
rinn in das Keyser-Land/ in das Edle OE-
STERREICH : von welchem ein alter
Reim rühmet / ihm sey kein Land in der
Welt gleich. Vom Inn bis an die Enns/
ware diß Land vorzeiten ein Stück des *No-
rici*, und wird heutzutag das Land ob der
Enns, sonsten Ober-Oesterreich, genennet.
Von den alten und neuen Inwohnern/
auch Lands Fürsten/ dieser Teutschen Pro-
vinz/wird in dem *Oesterreichischen Ehren-
spiegel* (β) umständlich zu lesen seyn. Es
wird aber Oesterreich von der Donau fast
mitten von einander getheilet : worauf etliche den rohten Strich im weissen Oesterreich;

α) *compend.itiner.Germ.c.2.*
β) *lib.2.cap.*

reichischen Wappenschilde deuten wolten.
Nachdem nun/die Donau zween Märkt-
le/zur Linken Hafnerzell, zur rechten En-
gerszell oder Engelhartszell / genetzet/ ent-
pfähet sie jenseits die beyde Muhel , und
disseits/bey dem bekandten Flecken Aschau,
die Aschach; weiter hinab/ beym Städlein
Everding,einen kleinen Inn,und zur Linken
die Röttl,bey Ottenheim. Nachdem sie zur
rechten / bey der Ober-Oesterreichischen
Hauptstadt LINZ,der fünften an der Do-
nau/zur Linken aber / beym Städlein Stey-
reck , vorbeygerauschet : trinkt sie jenseits
einen starken Strom/ die Traun,(welches
des HochFürtrefflichen Keyserl. Ministri,
H.Grafen Ernstens von Abensberg und
Traun/ meines gnäd. Patrons und Me-
cänatens/Stamhaus benahmet/) mit der
Vökla/Eger / Alm und Crembs beströmet.
Im Fortlauf/ üm Insel sie das Schloß
Spielberg, strudelt von dannen über Felsen
und Klippen/ netzet zur Linken den Markt
Matthausen , nimmt selbseits weiter hinab/
die Aist,zur rechten aber/bey der Stadt diß
Nahmens / den grossen Landesstrom die
ENNS, zusich : welcher letztere / zu Latein
Anisus , oben im Steyrischen Gebirg ent-
springt

springet / und den Palten / die Salza und
Steyr der Donau mitbringet.　Diß orts
lage vorzeiten / die herrliche Erzbischoffliche
Stadt Lorch oder Laureacum, welche üm
das Jahr 900 von den Hunnen zerstört
worden.　Hierauf folgen / der Markt Er-
lach, ehedessen Elegium genannt / da gegenüber die Närn einfliesset; und das Schloß
Niederwaldsee, alwo das alte Lacusfelix
gelegen; ferner zur Linken / am Einfluß der
Klon, die Stadt Greyn; hiernächst der bekandte Strudel und Wirbel, unter denen
das Wasser Syrming beym Flecken Syr-
mingstein / und wiederüm gegen Freyen-
stein über / oberhalb Pösenbeug, die Usper
zufliesset / und auf selbiger Seite das Obere
vom Untern Oesterreich scheidet / welches
anderseits von der Enns beschiehet.

Hierauf stürzt sich der Donau / zur rechten / in den Schoß / die Yps, von den Römern
Ilis genannt / bey dem Städtlein diß Namens; und bringt dieser Fluß etliche kleine
Wasserlein mit sich / als den Vorchbach /
Urlbach und die Gräsnitz; zwischen welchen
beyde letztern der Freyherrl. Sitz Seusseneck /
der Fürtrefflichen Freulein C. R. von Grei-
sens

ſenberg/der Teutſchen Uranie/ Freyherr-
liches Stammhaus iſt. Gegen Yps über/
liegt das Kloſter Seuſenſtein, und folgt daſelbſt der Markt Marpach, alwo die Wey-
ten, anderswo aber die Erlaph, bey der alten
Stadt Pechlarn, einſchieſſet. Dieſer Fluß
und Stadt / hieſſen zu der Römer Zeiten
Arclape oder Ara Lapidea. Die Stadt
ward/im Monat May gegenwärtigen
Jahrs / durch eine unverſehene Feuers-
brunſt erbärmlich eingeäſchert. Nach dieſem ſchenkt ſich der Donau/bey dem reichen
Kloſter und Stadt Melk oder Melico, ein
Fluß gleiches Namens/und unweit darunter die Pielach. In ſelbiger Gegend ligt das
Schloß Schallaburg und der ſchöne
M. Loſdorf: welche beyde Orte noch un-
langſt mit dem theuren Mitgliede der Hoch-
löblichen Fruchtbringenden Geſellſchaft/
dem fürtreflichen Herrn J. W. von Stu-
benberg/nunmehr-ſeeligem Unglückſeeli-
gen/gepranget. Von hier hinab zur Linken
Hand/ verſchlucket die Donau / bey dem
Markt Aksbach, die Ransbach; ferner /
nachdem ſie die Stadt Türnſtein vorbey/
auch zwiſchen Stein und Mautern durch-ge-
wan-

wandert/ bey Krembs, einen Fluß dieses
Namens; weiter bey dem Städtlein Hol-
lenburg (vorzeiten Comagena,) die Kamp,
und gegenüber zwischen dem Kloster Göt-
wich und Markt Trasmuer (der Alten
Trigisamo,) die Trälem; wiederum eine-
seits / nachdem sie den Markt Langenlois
zuruck gebracht / bey dem Markt Graven-
werd, die Teffer, und gegenüber den Pierst-
ling; weiter hinab/ bey der Stadt diß Na-
mens/ den Fluß Tuln, und unter dem grossen Dorf Langenlebr hinab / den Anzes-
pach, und anderseits unter der St. Stocke-
rau (hiese vorzeiten Asturis,) die Sleinz;
auch selbseits wiederum die Myda, mit der
Mays verschwestert. Hierauf kommt die
Donau / zwischen den beyden Städten
Korneuburg und Kloster Neuburg, alwo sie
viel schöner Inseln machet / zu dem Dorf
Kalenberg, unten am Berg diß Namens
gelegen. Dieser Berg in der Römer
Schrifften Cetius genannt / ist die alte
Marktschied zwischen Norico und Pannonien : Wie er dann / von hier aus / seine
ne Hörner mit unterschiedlichen Nahmen/
durch die Steyermark / bis an Cilie/
strecket.

Nun

Nun kommen wir / mit der Ströme
Keyserinn / zur Städte Keyserin / nämlich
zu der Keyserlichen Residentz und Ertzher-
tzog-Oesterreichischen Hauptstadt WIEN,
zu Latein Vienna, vorzeiten von des Landes ersten Einwohnern/ Vendobona o-
der die Wendenwohne (Wenden-woh-
nung/) genannt. Sie ist/unter den Hauptstädten an der Donau / in der Ordnung/
die Sechste / aber der Grösse und Würde
nach/die Erste. Zu der Römer Zeiten/ derer vornehmes Winterläger sie bey 500
Jahren gewesen/hiese sie Fabiana, nach dem
Landpfleger Fl. Fabiano, welcher gleich an-
fangs/ als die Römer diß Land eingenom-
men/daselbst gesessen; oder von der X Legi-
on/die alhier ihr Lager gehabt und Fabiana
geheissen : ward nach der Zeit die erste Syl-
be des Worts weggeworffen / und der Ort
Biana, Viana und Vienna genannt. Von
ihr hat / das unter der Stadt in die Donau
fliessende Wasser/ den Namen bekommen.
Sie ward üm das Jahr 520 / von den damals noch Heidnischen Bayrn / zerstöret :
von welcher Zeit an/ sie bey 500 Jahren
öd und wüst gelegen. Die ersten Marggrafen in Oesterreich hatten nachmals ein Jä-
ger-

gerhaus auf den Plaß gebauet / welches/
weil es gang mit Birken und andern wilden Bäumen verwachsen ware / der Birk-
hof oder Perkhof genennet worden. Nach-
mals/zu Herzog Leopolds des Heiligen Zeiten / fienge die Jägerpursch neben dem
Landvolk an / daselbst ein klein Wesen wieder anzubauen/und das Gestrüttig auszu-
reuten ; und hat nachmals / üm das Jahr
1160/dessen Sohn Heinricus/seinen Hof-
siß von Kalenberg herabdahin verleget/wo-
durch der Ort wieder in Aufnahm gekommen. Sie ward A. 1298 am ersten ein
Keyserlicher Siß / als Albertus/ ißigen
Stammens erster Erzherzog und Erster
Röm. Keyser/mit Keyserlicher Würde von
Aach dahin wiederkehrete. Nach diesem ist
sie/von A.1438/da Albertus II zum Röm.
Keyser erwehlet worden / nunmehr 226
Jahre lang/ der Keyserliche Siß geblieben/
Sie pranget sonst mit ihrem Bis-
tum / mit der HohSchul / mit der
ThumKirche zu S. Stephan und dem
Thurm/(welcher 434 $\frac{1}{2}$ Werkschuhe hoch
und nur 18 Schuchniedriger ist / als der
Straßburgische/)und mit andern Selten-
heiten. A.1529 den 21 Septembr. kame
der

der Groß-Sultan Suleiman / mit andert-
halb hunterttausend Mann vor Wien
oder Wetsch,(wie es die Türken nennen/)
beslägerte die Stadt bis auf den 14
Octobr. und also 23 Tage lang : inner
welcher Zeit er siebenmal vergeblich gestür-
met/bey 14000Mann verlohren/und end-
lich/nachdem er von des Römischen Reichs
starkem Entsatz vernommen / mit Spott
wieder abziehen müssen.

Nachdem die Donau /hart unter der
Stadt/das Flüßlein Wien eingetrunken/
schenkt sich ihr ferner/bey Ebersdorf(vorzeiten Ala nova,) und gegen Enzesdorf
über/die Swechat, deren Wasser bey La-
xemburg der Enzesbach vermehret ; und
bey dem Dorf Vischamund (wo etwan das
alte Æquinoctium gelegen/)die Vischa, die
unterwegs den Pyesting und Oriesting
zu sich genommen. Von dannen eilet sie/
neben Petronell (so vor der Alten Carnun-
tum, ware die Hauptstadt aller dieser Lan-
de/gehalten wird/und noch viel alt-Römi-
sche Maurtrümmer und Münzen wei-
set /) daher schiessend/auf die Stadt Haim-
burg, wo gegenüber das Schloß und M.
Teben

Teben liget/so des berühmten Pfaffens von
Kalenberg Vatterland gewesen.

Alhier letzet sich die Donau mit Oesterreich / indem ihr auch zur Linken das
Marchfeld einen starken Valet-Rausch
zutrinket : Dann daselbst stürzt sich ihr in
den Hals / ein grosser Hauptstrom / die
MARCH, zu Latein Morava genannt.
Dieser Strom entspringt zu äuserst an den
Gränzen zwischen Böheim/ Mähren und
Slesien / und nimmt viel andre Flüsse zu
sich/als die Teya/(ein grosser Fluß/der Oesterreich von Mähren scheidet/und gleichfalls von der Tumritz/Zeletawa / Pulca/
Igla oder Gihlawa/samt der Oslawa/von
der Swarta samt der Bobrowka/und von
der Zwitta/vermehret wird/) die Desna/
Sazawa/Jistritz/Ruuuze/Hana/ Rusa-
wa/Ezeya und Sulz. Diese Flüsse all-
zusamt durchfliessen das vordessen von den
Marcomannis bewohnte Marggraftum
MAEHREN oder Moraviam : Wel-
ches / samt einem Theil des Königreichs
BOEHAIM / gegen Mitternacht die
Gränze von Oesterreich ist. Gegen Mittag aber gränzen mit Oesterreich / die
Herzog-

Herzogthümer STEYR und KAERN-
TEN (Stiria und Carinthia,) und mit diesen wiederüm CRAIN und FRIAUL/
(Carniola und Forum julium,) welche alle
mit Oesterreich verschwestert/auch fast alle ihre Flüsse / vermittelst der Drau und
Sau/(von denen hernach soll gesagt wer-
den/) der Donau zusenden.

Es ist aber Oesterreich /unter den Ze-
hen Reichskreissen / der Erste und vörder-
ste: Und begreift in sich/nicht allein vorge-
dachte Länder Steyr, Kärnten, Krain und
Tyrol, sondern auch alle andre in Schwaben und anderswo dem Ertzhaus zugehöri-
ge Fürstenthümer/Graf- und Herrschaf-
ten/Land und Städte. Die Donau ne-
tzet/in Oesterreich//bey 20 Städte, und neben 4 Klöstern auch bey 20 Märkte; Sie
trinkt auch/neben zween Haupt-Strömen,
über 30 Flüsse, von denen ihr überdas noch
bey 30 andere zugeführet werden. Als
werden nun in Teutschland, an der Donau, über 50 Städte, bey 40 Klöster und
Märkte; und darein fliessend 9 Hauptströ-
me, über 70 Flüsse und 60 Zuflüsse, gezehlet.

Aus

Aus Oesterreich / führet uns die Donau in das Königreich HUNGARN: Welches / weil es itziger Zeit der güldne Apfel ist/ um welchen / der Gottslästerlichen Mahumets Blut- und Raubgieriges Türken Heer / mit dem ewigen Sohn GOttes JEsu Christo und seiner Christenheit/ sich raufen darf/ wir etwas genauer beschauen wollen. Dieses Land hiese vorzeiten Pannonia, und ward/kurz vor der Geburt unsres Heilands / von den Römern bezwungen/derer Joch es 300 Jahre tragen müssen. Die Römer wurden/ unter der Regierung Keys. Constantini Magni, von den Gothen / und diese hinwiederum/nach anderthalbhundert Jahren/ von Attila und seinen Hunnen vertrieben. Nach diesem ward Pannonien von Gothen/ Herulen / Longobarden und andren Teutschen Völkern / 300 Jahrelang bewohnt : bis A. 744 die Hunnen mit den Avaren wieder hervorkamen/ und des Landes sich bemächtigten / welche folgends in eine Nation zusammen tratten / sich die Hun Avarn und Hungarn nenneten / Anno 1001 unter S. Stephano ein Königreich anrichteten und zugleich zum Christentum

tum tratten. Die folgenden Könige/
haben nach und nach das alte Dacien/
nämlich Siebenbürgen/ die Moldau und
Walachey/zu Hungarn gezogen/und also
des Reichs Gränzen/in die länge / bis an
den Ausfluß der Donau ins Euxinische
oder Schwarze Meer / über dritthalbhun-
dert Meilen erstrecket: woraus abzuneh-
men/daß vordessen zwey Drittheile von
der Donau zum Königreich Hungarn gehöret.

Der Erste Ort an der Donau / in
Hungarn/ist BRESSBURG , zu Latein
Polonium, Hungarisch Paulson, die Hauptstadt des Königreichs /seit daß Ofen Türkisch worden/und unter den Hauptstädten
an der Donau die Siebende. Sie ligt
10 Meilen von Wien/und beschehen alda
die Krönungs- und Landtäge : Wie dann
auch die Hungarische Kron daselbst / auf
einem Thurn des Schlosses / der gegen
Wien sihet / darzu Sieben Hungarische
Landherren jeder einen Schlüssel haben/
verwahret wird/auch der Erzbischof / und
der Palatinus oder Großgraf / daselbst ihren Sitz haben. Sie ist eine von den
                    C   Hunga-

Hungarischen Grafschaften/ welche/ von
dem Hungarischen Wort Span (so ein
Graf heiset /) Spanschaften genennet
werden.

Allhier fähet die Donau an/ die Insel
Schütt oder Scythiam mit zweyen Armen
zu umfassen : deren der Rechte/ die Marktflecken Khitsee und Reckendorf, und jenseit das Städtlein Samaria oder Sumarein
(das Haupt der Insel) vorbey / auf O-
war oder Hungarisch-Altenburg zulanget.
Diese Stadt/ sonst Masun genannt / wird
vor das alte Ad flexum gehalten. Als der
Groß-Türk Solimannus A. 1529 auf
Wien zuzoge/ hat er diesen Ort mit Sturm/
oder wie andere wollen/ durch Ubergab einbekommen / und die Besatzung / so 300
Böhmen waren/ aufgehoben. Allhier hat
vorzeiten Salomon/ der 6 König in Hun-
garn/ mit seinem Hofnarren Marcolpho/
von dessen Schwänken ein gantzes Büch-
lein im Druck zu lesen / sein Anwesen gehabt. Es nimmt auch dißorts die Donau
einen starken Strom/ die LEITHA, (an
welcher/ oberhalb Bruck/ des Hochfür-
treslichen Keyserl. Reichs-HofRahts/
Herrn

Herrn Grafen Gottlieb von Windisch-
grätz/meines gnädigē Patrons und Mecä-
natens/ Herrschaft und Vestung Traut-
mansdorf liget/) zu sich/ welcher/ an der
Oesterreichischen Gräntz gegen Steyr-
marck/nit weit von Scheidwin / entsprin-
get/und nachdem sie den Neusidler-See/
sonst Peiso genannt/halb ümflossen/ endlich mit der Bütten und Schwarza hieher gelanget.

. Von Altenburg/ strecket sich dieser Do-
nau-Arm fort / auf Witelburg, so etwan
der Römer Quadrata gewesen / und von
dar auf RAB. Diese Hauptvestung/ so
ein Bistum hat/ligt mitten im Wasser/am
Einfluß der Rab/ (gerad zwischen Alten-
burg u. Comorn/)von der sie auch den Namen hat: Die Lateiner nennen sie sonst
Jaurinum, und die Hungarn Gyor. Zu
der Römer Zeiten / von deren Winterla-
ger allhier noch viel Altertumssachen
Zeugnis geben/hiese sie Arabo : und wollen etliche/der 28 Röm. Keyser / Philippus Arabs sey aus dieser Stadt bürtig gewesen. A. 1594 ward sie / von dem Türkischen General Sinan Bassa/9 Wochen
C ij   lang/

lang/vom 21 Jul. biß 29 Sept. belägert/
und endlich mit Accord erobert: indem
der Commendant, Gr. Ferdinand von
Hardeck/ weil 4 Wochen vorher den 29
Aug. Erzh. Matthix Entsatz / mit der
Christen grosser Niderlag / hinweggge-
schlagen worden/ und also kein Entsatz ferner zu hoffen ware/solche übergeben und ab-
gezogen. Nach vierthalb Jahren / A.
1598 den 27 Mart. N. C. ward sie / von
dem theuren Helden Adolfen von Schwar-
zenberg/ durch nächtlichen glückhaften An-
schlag und Uberfall/wieder-erobert: Wiewol die Türken einen küpfernen Han auf
den Thurn/ des Wasserthors gesetzt hatten / mit dieser spöttischen Deutung;
Wann selbiger Han krehen würde / so solten die Christen Rab wiederbekommen.

Der Fluß RAB, entspringt in der
Steyrmark unweit von Grätz / und führet
die Laufnitz/Veistritz/Pink/Torna/Rech-
nitz/Günz/Rebnitz und andre Flüsse/ mit
sich in die Donau. An der Günz / ligt
ein Städtlein diß Namens/(vorzeiten der
Graven von Günz Wohnsitz/) welches
A. 1532 ein dapfrer Hungarischer Rit-
ter/

ter/Niclas Jurischiß / wider den Groß=
Türkë Soliman/der mit mehr als 160000
Mann davor lage/von 6 biß 29 Aug. mit
etwan 7 oder 800 Soldaten und Landleu=
ten/ewig-ruhmwürdigst vertheidigt / und
dem Feind 16 Stürme abgeschlagen/auch
endlich/ûm solcher Dapfferkeit willen / als
derletzte Sturm ihnen den gewissen Unter=
gang drohete / von dem Tyrannen begna=
det worden.

Am Zusammenfluß der Günz und
Rechniß/ ligt die uralte Stadt Sabaria/
S. Martini Vaterland/heut zutag Stein
am Anger und auf Hungarisch Szöm=
bathhely genannt. Allhier soll der Poet
Ovidius/als er / von Keys. Augusto aus
dem *Exilio* wieder anheim beruffen / vom
Schwarzen Meer herauf gegen Rom rei=
sete/unterwegs gestorben seyn : Wie man
dann A. 1508 sein Grab daselbst/und oben
über dieses (vielleicht von ihm selbst auf=
gesetzte)Epitaphium oder Grabschrift/ ge=
funden :

Hic situs est vates, quem, divi Cæsaris ira
Augusti, patriã cedere jussit humo.

Sæpe miser voluit patriis occumbere
terris,
sed frustra! hunc illi fata dedére
locum.

Am Einfluß der Laufnitz in die Rab/
ligt das Städtlein S. Gotthard : Alda
in diesem 1664 Jahr den 1 Aug N. C.
der Türkische Großvezier in unsre Haupt-
Armee über die Rab herüber einen starcken
Einfall gethan/und zwar anfangs etliche
Regimenter/ als das Fränkische / Kiel-
mannseckische/ Nassauische und Schmie-
dische/mehrerntheil ruinirt ; Aber nachmals von den unsern mit äuferster Dapferkeit wieder abgetrieben worden/ da er
dann/neben vielen Wasser und andren vor-
nehmen/bey 8000 seiner bästen Janitscharen und Spahi/ theils auf der Walstadt/
theils im Fluß/müssen ligenlassen.

Auf jenseit der Rab/ gegen dem Wald
Bakon/ligt die Vestung Papa: welche A.
1593 den 30 Sept. von Sinan Bassa
durch Aufgab erobert / aber A. 1597 den
19 Aug. durch Ertzh. Maximilian an die
Christenheit wiederbracht worden. Es
meutenirten A. 1600 die Walonen und
Frantzö-

Frantzosen/so hier in Besatzung lagen / wegen hinterhaltener Monatgelder/und wolten die Bestung den Türcken zu Stulweissenburg übergeben oder vielmehr verkauffen: Die wurden aber belägert / durch Hunger bezwungen / und der mehrertheil grausamlich hingerichtet.

Der lincke Donau-Arm/ ergreift mitten an der Insel Schütt/die Tyrna; und endlich / unten bey Comora, vereiniget er sich wiederum mit dem rechten Arm / alda ihm / vom Carpathischen Gebirg herab/ die Wag / deren Ufere von warmen Bädern berühmt sind / in den Schoß fället. Die Bestung Comora, zu Latein Comaronium, ligt im Triangel zwischen der Wag und den zweyen Armen der Donau/ ist von Keys. Ferdinand I erbauet/und mit gewaltigen Werckstücken bevestet worden. Der Sinan Bassa hat sie A. 1594/ nach Eroberung der Bestung Rab / den 7 October. zu belägern angefangen: Ward aber von dem Obristen darinnen / Erasmo Praun / der zwar dißmal einen tödlichen Schuß bekommen/dapfer abgewiesen/und muste / als Ertzhertzog Matthias. mit

4⚬⚬⚬⚬

40000 Mann zu Entsaz anzoge / den 24
mit Spott und Verlust 800 Mann wieder
abziehen.

Nicht weit unter Comora / fällt der
Fluß Neutra in die Donau / dessen Ufer
von den zweyen Vestungen / Nitria und
Neuhäusl / geadelt wird. Die erste / eine
Bischoffliche Stadt / wird von dem Fluß
beyderseits ümarmet / auch von dem schönen und starken Bergschloß beveftigt. Dieser Ort ward A. 1663 / nach Eroberung
der Vestung Neuhäusl / von dem verzag-
ten Commendanten schändlich an den Türkischen Großvezier übergeben : aber in diesem 1664 Jahr / den 3 May N. Cal. von
H. General *de Souches*, nach drittehalbwö-
chicher Belägerung / durch abgeschreck-
te Aufgab wieder erobert / und also den
Türken diese Wohnung bald aufgekündet.
Die Vestung Neuhäusl, auf Hungarisch
Vywar genannt / bekommt zwar von ihren
6 Pasteyen die Form eines Sterns / hat
aber / im Herbst des verwichenen 1663
Jahrs / die leidige Fama des Unsterns von
sich in die Christenheit ausfliegen lassen / indem sie den 7 / 17 Aug. von dem Türkischen
                                    Groß-

Großvezier mit 70000 Mann belägert/
und endlich nach 6 Stürmen / den 16/ 26
Sept. durch Aufgab erobert worden / wiewohl er bey 12000 Mann darvor verlohren.

Rechtseits der Donau / ligt die Vestung Dotis oder Tata, vordessen Theo-
data genannt/ ins Land hinein/ in und an
einem Teich/ worein K. Ludwig der Letzte/
des Groß Sultans Solimanni / auf bösen
Einraht hehmlich ermordete / Gesandten
werfen lassen / und dadurch über sich und
das Königreich den Untergang gezogen.
Dieses der Hung. Könige Lusthaus / hat
Solimannus A. 1543 zerstöret. Als es
die Christen wieder erbauet und besetzt/
ward es nachmahls zum öftern / als A.
1557 den 1 May/durch Hamsa den Weg
zu Gran/A. 1566 durch Gr. Eglen von
Salm/A. 1594 den 13 Jun. von den Tür-
ken/A. 1597 von Christen und wieder von
Türken/ und endlich A. 1598 den 1 Aug.
durch Graf Adolfen von Schwarzenberg/
eingenommen: und ist/ allem Verlaut
nach/noch in der Christen Händen.

Nicht weit von Raab und Comora/
ligt

ligt die vom Heil. Stephano / erstem K.
in Hungarn erbaute Vestung S. Martinsberg, welche A. 1594 an die Türken verlohren gangen / aber A, 1597 von den
Christen wieder erobert worden. Nicht
weit von dieser Vestung / heber sich an ein
lustiges Weingebirge/ auf welchem vorzeiten A 1053 Keyf. Heinrich III von K.
Andrea belägert und von den Hungarn so
gar ausgehungert worden/daß er üm Frie-
den/ Lebensmittel und sichern Abzug bitten
müssen: daher der Ort / wegen mänge der
Todten/von den Hungarn *Verthes,* von den
Teutschen aber/ weil diß Gebirge damals
ihr Schild und Vormauer gewesen / oder
von denen vielen hinterlassenen Schilden/
Schildberge genannt worden. Zu Ende
dieses Gebirgs/ beym Wald Vakon/ ligt
die Vestung Palota, welche A. 1565 vom
Bassa Arslana belägert/A.1593 vom Sinan Bassa erobert/A. 1598 von den Türken an die Christen übergeben / und A.
1603 von ihnen vergeblich wieder belägert
worden.

Wir kehren wieder üm gegen die Donau / und spazieren mit derselben fort zu
dem

dem Marktflecken Nesmel, von den Teutschen Langendorf genannt: alda Keyß. Albertus II, als er aus Hungarn kranck nach Wien eilete/den 28 Octobr. A. 1539/ allzufrühzeitigen Todes verfahren. Von hinnen führet uns unser Strom zur Achten Hauptstadt an der Donau/der Erzbischöflichen Stadt und Vestung GRAN, zu Latein Strigonium genannt / die etliche für des *Ptolemæi* Bregætium halten. Sie ligt 6 Meilen unter Comora/ und bestehet in 4 absonderlichen verbollwerkten Städten/ derer iede dem Feind kan die Spitze bieten: solche sind die Ratzenstadt, die Wasserstadt, oberhalb derselben die Burg oder Vestung/ (alwo in der Domkirche/ der Erste Hung. König S. Stephanus begraben ligt/) und jenseit der Donau das Städtlein Gockarn, Diesen Ort eroberte der Groß Türk Solimannus / A. 1543 den 10 Aug. durch Ubergab des Commendantens Liscani/ eines geitzigen Spaniers/der doch / samt seinem Mit-Obristen Franc. Salamanca/ sich zuvor grosser Streiche vernehmen lassen. Sie ist von Erzhertzog Matthia A. 1594 vergebens belägert; aber folgenden

Jahrs/

Jahrs/nachdem den 25 Jul. Fürst Carl
von Mannsfeld den Entsatz mit Verlust
4000 Türken/hinweggeschlagen/ und die
Belägerung / vom 22 Jun.an/ 2 Monat
lang gewähret hatte/ den 23 Aug. von den
Christen / durch Ubergab der Vestung/
(dann die drey Städte/ samt dem Bloch-
haus auf dem Thomasberg hatten sie schon
einbekommen/) erobert worden. Gleichfalls ward sie A.1604 vom 18 Sept.bis 11
Oct. durch den Ali Bassa Mehmet/ (der
sie vor 10 Jahren den Christen abgetre-
ten /) vergeblich belägert; aber folgenden
Jahrs / nach monatlicher Belägerung/
indem die Besatzung/ wider des Commendantens Er.Dampiers Willen/ die Ubergab angebotten/ eingenommen und seither
von den Türken behauptet.Das Erzbistum
alhier / hat jährlich in 150000 Cronen
eingetragen /dieses nun an die Türken ver-
spielet.

Jenseit Gran/ gegen Neuhäusl zu/
ligt das Städtlein und die Schantz Barkan,
welches A. 1663 den 8 Aug. N. Cal.
die unglückliche Niderlag 4000 Christen
im Forganischen Treffen/ berühmt gemacht. Etwas weiter hinab/ fällt gegen

Gran über / unterhalb Gockarn / die Gran,
in die Donau / welche oben von den Berg-
städten herabkommet / und die Yrel mit sich
bringet. Beym Ursprung dieser Yrel / 5
Meilen von Caschau / ligt die Stadt Fillek
mit einem gedoppelten Bergschloß: welches A. 1554 durch einen Mohren den
Türken / zu grossem Unheil der Christen
in Hungarn / verrathen ; iedoch A.1593
den 18 Nov. an Herrn Christof von Teu-
fenbach / nachdem er zuvor den Entsatz des
Bassa von Temeswar hinweggeschlagen /
wieder aufgegeben worden. Unfern vom
Zusammenfluß dieser beyden Ströme / ligt
das Städtlein Lewenz / samt dem Berg-
Schloß und Vestung Lewa / so A. 1663/
nach Neuhäusl / an den Türkischen
Groß Vezier übergangen. Sie ward aber /
in diesem 1664 Jahr den 12 Jun. von H.
General de Souches, ja so geschwind als
Nitria / wieder erobert: welcher / als der
Feind den Ort mit 25000 Mann wiederum belägert / mit 9000 Mann das Türkische Lager angefallen / und mit Verlust
6000 Mann in die Flucht getrieben / da
hingegen der unsern nicht 200 geblieben.

Diesen

Diesen Sieg verliehe uns/der höchste Feldherr Jesus Christus/ durch die dapfre Re-
solution itzbelobten theuren Heldens/ den
9/19 Jul.fast ein Jahr nach der vorbesag-
ten Forgatzischen Niderlag / welche dann
hierdurch genugsam gerochen worden.

Nit weit von gedachter Pxel/ mittag-
warts gegen der Donau zu / ligt die auf einem starken Felsen erbaute Vestung Novigrad , und unten daran ein Städtlein.
Sie geriethe erstlich A. 1544 unter das
Türkische Joch: und wiewol sie A. 1594
durch Ertzh.Matthiam davon wieder erledigt worden/ hat sie doch solches/ im verwichenen 1663 Jahr/ nach Verlust der
Vestung Neuhäusl/(wie dann ein grosser
Baum/wann er fället/gemeiniglich etliche
andere nebenstehende mit zu boden schmeif-
set/) wiederum über sich nehmen müssen.

Von Novigrad / spaziren wir wiederüm an die Donau/ und finden daselbst den
Flecken Maroz,alwo die Christē dem Groß-
Türken zinsbar wohnen. Allhier lassen wir
uns übersetzen/ und beschauen jenseits das
Städtlein und die Burgvestung Vicegrad
oder Plindenburg, vorzeiten der Hunga-

rischen Könige Lustwohnung: wie dann
auch/im Schloß daselbst/ die Hungarische
Cron verwahret worden. Sie hat zwar/
dem Groß-Türken Solimanno/ A. 1526
die Oeffnung versagt: aber A. 1529/ im
Anzug gegen Wien/ sich ihm ergeben müssen. Wilhelm von Roggendorf/belägerte es
im folgenden Jahr vergeblich. Leonhard
von Vels / hat es zwar A. 1540 erobert/
und Ertzh. Matthias (nachdem es / vier
Jahre hernach/ wieder an den Erbfeind
übergangen/) zwange es A. 1595 den 2
Sept. zur Aufgabe: Es ist aber nachmals
ungewiß / in welchem Jahr wiederüm
Türkisch worden / und seither geblieben.

Unter Vicegrad/theilet sich die Donau abermal in zween Arme / und umfasst
mit denselben die Insel / S. Andreæ genannt. An dem linken Arm/ligt die Bischoffliche Stadt und Vestung Waizen o-
der Vacia , vom Einsiedler Vacio also genannt: welche / von Solimanni Zeiten
her / über 130 Jahre / viel Ungemachs in
den Türkenkriegen ausgestanden/über 20
mahl Herren gewechselt / und bey solchen
Er-

Eroberungen mehrmals geplündert / etwan auch in Brand gestecket worden. Weil sie auf Türkischem Boden ligt / so ist wohl vermutlich / daß sie itzt auch Türkisch seyn werde.

Das Ende gedachter Insel / wo beyde Arme der Donau sich wieder schliessen / zeiget uns die Neundte Hauptstadt an der Donau / die uralte Königinn der Städte dieses Königreichs / OFEN oder Buda: welche beyde Namen sie / jenen vem K. Aba / diesen von des Attilæ Brudern soll bekommen haben. Sie soll auch vor uralters Sicambria geheisen haben / von den Sicambrischen Schwader (cohorte Sicambrâ,) die zu der Römer Zeiten von ihnen hieher eingelagert worden. Diese Stadt ist allemahl der Könige Sitzstadt gewesen / solang sie der Christen gewesen. Ihr wird die Stadt Pest gegenüber / durch eine Schiffbrücke von 33 Schiffen / angehänget. Sonsten bestehet sie gleichsam in 5 Städten / als dem Schlosse / der Oberstadt / der langen Vorstadt / der Juden- oder Wasserstadt / der Ober- und Unter- Vorstadt. Sie hat herrliche Warmbäder / und unter andren ei-

eines/ darinn lebendige Fiſche ſchwimmen/
da man doch ſonſten darinn/ den Schwei-
nen/ Wildbret/ Gänſen und dergleichen
Thieren/ leichtlich die Borſten/ Haare und
Federn abbrühet. Nach dem unſeeligen
Treffen bey Moſchatz/ hat ſie Solimannus
A. 1 5 2 6 im September erobert/ angezün-
det und leer ſtehen laſſen. Als Sie K. Jo-
hannes wieder beſetzt/ und folgenden Jahrs
K. Ferdinandus erobert/ kame Solimann
A. 1 5 2 9 wieder davor/ da ſie ihm von der
Teutſchen Beſatzung/ wider ihres Obriſten
Thomæ Nadasd willen/ aufgegeben/ und
von ihme K. Johannſen überlaſſen wurde.
Sie ward nach dieſem/ A. 1 5 3 0 durch den
von Roggendorf / A. 1 5 4 0 durch Leonh.
von Fels / und folgenden Jahrs durch jenen wiederüm/ aber allemahl vergeblich belägert: und blieben / diß letzermahl/ bey
Peſt/ 2 5 0 0 0 Chriſten im Treffen. Weil
A. 1 5 4 0 K. Johannes geſtorben/ lockte
Solimannus die Wittib/ die er doch/ wie
er vorgab/ zu beſchützen angekommen/ mit
ihrem Söhnlein aus der Veſtung/ und be-
ſetzte dieſelbe. Churf. Joachim zu Bran-
denburg hat ſie A. 1 5 4 2 / der Graf von
Schwar-

Schwarzenberg A. 1598 und 1599/
Ertz.Matthias neben dem Feldmarschalk
Rußwurm A. 1602 b:lägert/auch biß auf
die Oberstadt und das Schloß erobert: sie
musten aber alle!nahl wieder abziehen/ und
so ein edles Nest dem Wiedhopfen lassen.
Die Stadt Pest gegenüber / muste gemei-
niglich auch mit herhalten. Sie ward
zwar/ in letztgedachtem 1602 Jahr den
Oct.von den Christen erobert/und noch diß
Jahr von dem Vezier Bassa / desgleichen
im folgenden / vom Sinan Sardar/deme
im Treffen bey 8000 Mann abgeschlagen
worden / vergeblich belägert. Aber A.
1604/als der Alt Bassa mit 60000 Mann
gegen Hungarn im Anzug ware / steckte
den 5 Sept. der Commendant Jägenreu-
ter den Ort in Brand/ jagte mit der Besatzung darvon/liesse also die Ofner diese Vestung / ohne Verlust einiges Manns/
wieder einnehmen / und mit Türken be-
setzen.

Unter Ofen macht der Donau Strand
die dritte Insel / Cepelia oder S. Margare-
then, sonsten die Hasen-Insel/genannt. An
dem rechten Arm/ ligt das veste Schloß
Adom.

Adom. Weiter hinab / folgt der Marck
Pentela, vorzeiten eine Stadt und Poten-
tiana genannt/ alßwo A. 401 die Hunnen
auf Blasen übergeschwommen / und den
Römern einen blutigen Lärmen gemacht:
die aber sich bald erholet / und den Feind
auf seinen Windschläuchen wieder über
die Donau gejagt. Es sollen/in diesen beyden Treffen / 210000 Römer / und
125000 Hunnen neben dreyen von ihren
sechs Heerführern / auf dem Platz geblieben seyn: ist aber vermutlich / in beyden
Zahlen / eine Nulla zuviel geschrieben.
Hierauf ligen ferner an diesem Gestad/das
Städtlein Almaz, die Castelle Feldwar
und Pax, und der Marck Tolna, vorzeiten
eine berühmte Stadt / alda (und nicht zu
Tuln in Oesterreich/ wie theils Geschicht-
Federn sich allzuweit verstiegen/) die Hunnen und Römer/ im vorgedachtem Jahr/
das dritte mahl aneinander gerathen/ und
der Hunnen 40000 / der Römer aber eine Unzahl / neben ihrem Obristen Ma-
crino/ (dessen MitObrister Detricus/ei-
nen Pfeil in der Stirn davongetragen/)
sollen geblieben seyn. Gegenüber / linck-

seits

seits der Donau / ligt die Erzbischofliche
Stadt Colocza, welche gar zeitlich in der
Türken Hände/ und seither in Abgang ge-
kommen/ weiln derselben in Schrifften wenig mehr erwähnet worden.

Unter Tolna/wird von unserm Strand
verschlungen die Sarwitz, welche oben bey
Vesprin/nit weit vom Plattsee / sonst *Ba-
laton* genannt/ entspringet / und die Vestung Stulweissenburg in Morast setzet.
Die Bischofliche Vestung Vesprin oder
Weisbrunn,von einem Brunnen daselbst
also benahmet/ist ein Berg Schloß/worbey
vordessen die schöne Stadt gelegen/die aber
nun einem abgebrannten Dorf gleich sihet.
Es soll der König Suatopolug / vor 900
Jahren / allhier Hofgehalten haben/wel-
chem die Hunnen / als sie sich das ander-
mahl üm Hungarn angenommen/ Erde/
Wasser und Wasen abgelistet/und ihn fol-
gends üm Kron und Leben gebracht. Wie
M. Zeiller schreibet / so wird das Schloß
von wilden bösen Hunden bewachet. Diese
Vestung ward erstlich A. 1551 von den
Türken / durch Aufgab; A. 1566 durch
Gr. Eglen von Salm / im ersten Angriffs
Anno

Anno 1593 / vom Sinan Baſſa / als die
unſern davon geflohen; endlich wiederům
A. 1598 / durch den von Schwarzen-
berg/eingenommen.

Die Beſtung Stulweiſſenburg, in Latein Alba Regalis,von den Hungarn Sce-
kes Feyerwar genannt/iſt der Ort / da
vordeſſen die Könige in Hungarn gekrönt/
auch nach ihrem Tod begraben / worden.
Sie ligt mitten im Moraſt/auch mit Gran
und Ofen gleichſam im Triangel; und iſt
mit 5 Vorſtädten/die alle verbollwerkt ſind
ůmgebě. Sie ward erſtlich/A. 1543 den 4
Sept.von Solimaño erobert. Die Chriſtě
belägertě ſie drey mahl nacheinander/als A.
1593 Graf Ferdinand von Hardeck/(das
zumahl den 24 Oct. dem Haſan Baſſa
40000 Türken abgeſchlagen worden/)
A.1598 und 1599 der Graf von Schwarzenberg: kondten aber doch nichts / als die
Vorſtädte eingewinnen.Endlich A. 1601
den 20 Sept. ward ſie durch den Herzog
von Mercoeur und Herrn Rußwurm
mit Sturm erobert/aber durch der verzwei-
felten Türken eingelegtes Pulver faſt in
Grund verwüſtet: wornach auch den 10
                                    Oct.

Der.der Türkische Entsatz / in Ertzh. Matthiæ Beywohnen / aus dem Feld geschlagen worden. Im folgenden Jahr den 29
Aug. hat Sinan Bassa / nach dritthalb-
wöchtcher Belägerung / als die Besatzung /
wider des Obristen Gr. Isolani Wissen
und Willen / wegen der Aufgabe sprach-
wechselte / diese Vestung wieder erstiegen:
wiewohl er in 20 Stürmen / bey 20000
Mann davor sitzen lassen.

    Nach der Sarwitz / schenkt sich un-
srer Donau das Flüßlein Caraß, unfern
von dem Städtlein Mohacz, welche beyde / durch das unseelige mit Solimanno
den 29 Aug. A. 1526 gehaltene Treffen /
berühmt worden / als in welchem der Christen bey 22000 ümkommen / und K. Ludwig selber im Sumpf des vorgedachten
Flusses / als sein Pferd hinter sich und ihme
auf den Hals gestürtzet / ersticken müssen:
welche leidige Niederlag / alles Unheil des
Königreichs nach sich gezogen. Der unbe-
sonnene Rahtgeber zu diesem liederlichen
Kriegszug / ware der tolle Franciscaner
Mönch und Bischof zu Colocza / Paulus
Tomoræus / welcher / mit 25000 Christen /

anderthalbhundert tausend Türken/ die ü-
berdas ihren glück- und Sieghaften Soliman bey sich hatten / zu schlagen sich ver-
messen. Wiewol der Hungarn Ubermut/
auch Holz zum Feuer getragen / indem sie
des Solimanni Friedlichen Gesandten/
wider gemeines Völkerrecht / spöttlich behandelt und endlich gar ermordet haben.
Ist doch zu bejammern / daß manchmahl
gantze Städte / Länder und Königreiche/
und zwar 100 und mehr Jahre lang/eines
einigen oder etlicher wenig Menschen Bosheit oder Unbesonnenheit büssen und fühlen
müssen. Um des willen / haben grosse
Herzen und ihre Rahtgeber sich wohl zu be-
denken und zu hüten/ daß sie nit etwas vornehmen / welches eine Wurzel sey eines
langwürigen allgemeinen Ungemachs : dafür dann hinwiederüm/ von dem Richter-
stul Jesu Christi/ ein hartes Urteil über sie
ergehen wird.

Unter Mohaß / gegen dem Schloß
Erdewdi oder Teutoburg über/ empfähet
die Donau/einen von den 4 Hungarischen
Hauptströmen/die DRAW, von *Ptolemæo*
Darus , von *Plinio* (*) Draus, sonsten
Dra-

Dravus genannt.   Dieser Fluß entspringet an der Gränze zwischen Tirol und
Kärnten/fließt alsdann mitten durch itzbe-
dachtes Herzogtum / in welchem er über
200 Wasser in sich trinket und solche der
Donau zuführet: die vornemsten derselben
sind/die Isel/Möl/Lyser/ Feistritz und
Giel (von den Römern *Julia,* sonst *Cea* ge-
nannt/)die Glan/Olza und Gurk/die La-
vant/Miß und andre / so in der Mappe benahmet sind. Aus Kärndten kommt sie/un-
ter Draburg/in das Herzogtum Steyr/an/
deren äuserstem Ende sie die Muer , einen
HauptStrom zu sich nimmet : welcher ihr
gleichfalls die Muerz / Grades und andere kleinere Flüsse zuführet.

    Beym Ausfluß in die Draw/ümfähet
die Muer mit zweyen Armen / die Insel
der Herren Grafen von Serin : welche A.
1660 zur linken Seiten des linken Arms/
auf Türkischem Boden/der Türken zu Canischa Streifereyen zu verwehren/eine veste Schantz erbauet / und nach ihrem Namen Serinwar genennet.   Diese Brille/
wolte der Groß Türk nicht auf der Nase
                                        leiden :

leiden: im̃massen er / an die Röm. Ke A.
Maj. deren Schleiffung begehret / und yst.
1663 den 13 Aug. sie durch 10000
Mann/aber mit Verlust/ berennen lassen.
In diesem 1664 Jahr/ ward sie von der
Türkischen Armee/ mit Anfang des Monats Junii belägert/ und zu Ende desselben
den 30 N. Cal. in Angesicht unsrer star-
ten Armee/welche dißseit in der Insel lage/
mit einem ernstlichen, Sturm erobert/
auch folgends den 6 Jul. zersprenget/
und also eine Vormaur der Steyrmark zur
Erden geworfen. Vier Wochen vorhero/
den 29 May. geschahe das Treffen an der
Muer/da H. General Graf von Hohenloh/
neben H. General Grafen Peter Strozzi
(gleichwie im vorhergehenden Jahr den 17/
27 Nov. H. General Gr. Niclas von Se-
rin/)die Türken/ so über die Muer herüber
setzen wollen/mit Verlust bey 3000 Mann
zurücke getrieben: Welcher herrliche Sieg
uns gleichwol verbittert werden müssen/
durch den Tod des Teutschen Epaminon-
das / des unvergleichlichen Heldens Grafens Strozzi / von deme man wohl sagen
tan / daß er gestorben/um in dem Ruhm e-

D   wig

wig zu leben; gleichwie er alſo gelebet/ daß
ſein Name nimmermehr ſterben wird.

Mitten zwiſchen den Flüſſen Draw/
Sal/Muer und Rab/ an der Gränzſcheid
von Steyr/Hungarn und Croatien/ligt in
einem Moraſt die Veſtung Caniſia oder
Caniſcha: welcher Ort A. 1566 von Keyſ.
Maximilian II beveſtiget; noch ſelbiges
Jahr/von Franciſco Tahe wieder der Tür-
ken Anfall vertheidiget; von den Türken/
A. 1572/bis an das Schloß erobert/ aus-
geplündert/ verbrennt; endlich A. 1600
mit Anfang itzigen Seculi, von dem Obriſten
Georg Paradeiſern/nach 45 tägiger Belägerung und Abzug des Keyſerlichen Ent-
ſatzes/den 22 Oct. an den Vezier Baſſa J-
brahim/ zum höchſten Schaden der Chri-
ſtenheit/übergeben; und im folgenden 1601
Jahr/durch Erzhertzog Ferdinand/vom 10
Sept. bis 16 Nov. vergeblich (indem der
Himmel ſelber/ durch Kälte/ Regen und
Eis/ſie von dannen gejagt/und etliche tau-
ſend Mann darüber verdorben/) belägert
worden. In gegenwärtigem 1664 Jahr/
ward/mit Anfang des Neuen Majens/die-
ſe Belägerung aufs neue und mit gröſſer
Hoffnung/ aber mit gleichem Ausgang/
vor-

vorgenommen/und zu Ende des Monats/
wegen Anzug des Türkischen Heers / mit
grossem Verlust geendet und aufgehoben.
Es sollen/welches Nicol. Isthuanfius auch
von der vorigen Belägerung aufgezeichnet/
viel verteufelte und verzweifelte Christen
sich zu den Feinden Christi geschlagen/ und
also die Eroberung hintertrieben haben : de-
nen/vor diesen guten Dienst/ihr Vater der
Satan/in Mahumeds Paradeis/ wie dem
Judas und allen Verräthern mit Schwe-
fel und Feuer ablohnen wird.

Unter Serinwar ist die Draw eine
Scheidwand zwischen Hungarn und Sla-
vonien/und nimmt ferner zu sich die Sala/
die Kimnia unter Baboeza/ (welchen Ort/
samt Berzenche oder Bresnitz/und Segest/
die Christen/im Eingang des 1664 Jahrs/
durch Aufgab erobert und besetzet/) den
Genghes/die Alma bey Sigeth/ und mehr
andere.

Die Vestung Sigeth, hat den Namen
von der Insul/auf der sie / hinter einer be-
vestigten Stadt und Vorstadt/mit Morast
umgeben lieget. Die Türken haben sie vergeblich A. 1555 berennet und im folgenden Jahr belägert / und muste der Alt-Baf-

ſa / auf des Obriſten Marci Chorwats
dapfre Gegenwehr/nach 6 Wochen den 21
Jun. wieder abziehen. Aber A.1566 kame
der Groß Sultan Solimannus ſelber / zu
Eingang des Monats Auguſt.mit 150000
Mann vor Sigeth: welches Gr. Nicolaus
von Serin (deſſen Ur Enkel heutzutag/ des
dapfren Eltervatters Namen mit der That
führet/)mit 2500 Mann beſchützet / und
dem Feind in 15 Stürmen 30000 Mann
abgeſchlagen. Endlich aber den 7 Sept.
als der theure Held von Volk und Munition ſich entblöſt/und mit dem letzten Sturm
ſeinen Tod oder Gefängnis vor Augen ſa-
ſe/ fiele er mit dem übrigen Häuflein hin-
aus/und ſtarb ritterlich vor der ihm anver-
trauten Veſtung/weiln / in derſelben zu ſeines Keyſers Dienſten zu leben/ das Glück
ihme nicht gönnen wollen. Es hat aber der
Tyrann Solimannus dieſe Eroberung
nicht erlebet; ſondern drey Tage vorher/
unter ſeinem Gezelt (alwohin die Türken
nachmahls / zum Gedächtnis / das veſte
Schloß *Turbek* erbauet/ und ſein Einge-
weide daſelbſt unter ein Monument begraben

ben/)- und also in Hungarn / welches er
siebenmahl in Person überzogen/ den Wü-
trichsgeist dem Vatter aller Mörder und
Bluthunde in die Hände liefern müssen.
Von der Zeit an / ist Sigeth eine Hauptve-
stung der Türken gewesen.

Von hinnen kommt man / mit der
Drau/ auf Petsch oder Fünfkirchen/ eine
Bischofliche grosse Stadt / die von Solimanno A.1543 erobert und besetzt; von
den unsern zwar diß Jahrs den 18./ 28 Januarii überstiegen/ aber sonder Eroberung
des Schlosses wieder verlassen worden. Als
A.1566 Solimannus vorgedachter Massen Sigeth belägern wollen / liesse er vorhero über die Drau bey Esseck und nit weit
von deren Ausflusse / auch über den daran-
stossenden Morast / eine Brücke 8565
Schritte lang und 17 breit/ woran 25000
Menschen 10 tage lang gearbeitet/) verfer-
tigen/seine Völker daselbst herüber zu brin-
gen/ welches herrliche Werk / mehr einer
Gallerie als Brücken ähnlich/ obbelobter
H.Gr.von Serin/den 1 Febr.N.C. dieses
1664 Jahr/ den Türken zu sonderbarem
Abbruch in die Asche gelegt.

Diij   Un-

Unter Eſſek hinab/ ſchenkt ſich der Do-
nau/ beym Flecken u. Schloß Walcowar,
das Flüßlein Walpo : die von dar ferner
auf Futach zufließet/wo der Türkiſche Ali-
Beg/von K.Matthiæ FeldObriſten Mich.
Zilagio A.1462 geſchlagen worden. Von
dannen koꝛͤt ſie zu dem M.Scherwich, am
Berg Alm⁹,welchen K.Probus/durch ſeine
Kriegsleute/mit Weinreben bepflanzͤ laſ-
ſen.Hierauf folget/das von Solimaño A.
1546 eroberte Städtl.Peterwardein; Wo
gegenüber/etwas unterhalb/der Donau a-
bermals eine Schweſter in die Arme läuft/
nämlich die TEISSE,in den alten Schriftͤ
Tibiſcus, ſonſten Patiſſus genannt/der 2
Hung.Hauptſtrom : welchen man ſo Fiſch-
reich beſchreibet/als ob er 2 drittheil Waſſer
und ein drittheil Fiſche führete. Sie entſpringt oben im Carpathiſchen Gebirge/u.
nimt/neben den kleinen/viel groſſe Flüſſe zu
ſich.Erſtlich ſchickt ihr Siebenbürgen/ die
Samos/ von der Biſtritz und dem Lapus
begleitet: und ligen an dieſem Fluß / die
Städte und Veſtungͤ/Coloſwar od Claus
ſenburg/vorzeiten Claudiopolis genaͤt;fer-
ner Biſtritz oder Nöſen/die dritte unter den
7 Teutſchen Städten in Sibenbürgen;
aber.

abermals Samosvivar/ und Zatmar oder
Sakmar / welches letzere eine hart an der
Siebenbürgiſchē Grä:z gelegene Veſtung
iſt.Nach dieſem ſendet ihr/das Carpathlſche
Gebirge / den Fluß Bodrogh/in Geſell-
ſchaft der Labarz/Ungh und Latrocz.Ihr
Zuſammenfluß/ ſetzt die Veſtung Tokay
mitten ins Waſſer:und wächſt athier der al-
lerbäſte Hungar.Wein/ welchen etliche ſo
gar dem Malvaſier vorziehen.

Nach der Bodrogh/ kommt ihr aus der
Grafſchaft Zyps zugefloſſen die Bernath/
von den Teutſchen Bunnert genannt /
welche mit der Rahna verſchweſtert/bey Caſchau oder Callovia,der Haupſtadt in O-
ber-Hungarn / die von Eperies herabkom-
mende Tarocz/ und unterhalb Sixo /- den
Fluß Sajo zu ſich nimet. Von Caſchau u.
Eperies / weil man dißorts allein von ſolchen Veſtungen/die von den Türken ange-
fochten worden/ umſtändlich redet/iſt anderswo zu leſen.Bey Sixo haben die Türken
3 Niderlagen erlitten : als erſtlich A.1560.
da ihrer von 5000 kaum 400 entronnen;
darnach A.1577 am Tag Martini/ als ſie
die Chriſten im Jahrmarkt überfallen/und
ihrer bey 2000 hinweg führeten/ da ſie ge-
                    D iiij   fürchtet

flüchtet und die Beute ihnen abgejagt worden; Endlich A.1588 den 11 Oct. da der Sinan Bassa mit 12000 Mann eingefallen/
aber von etwan 3000 der unsern/unter Anführung des Obristen Sigmund Ragoßi/
Claudii Rüssels und anderer dapfrer O-
bristen/geschlagen worden/also daß er 3000
Mann/ samt allem Geschütz/ Proviant
und Munition/ im stich lassen müssen.

Etwas weiter hinab/ trinkt die Teiße
den Fluß *Agrius* oder Egerwitz. An demselben ligt die Vestung Agria oder Erla, eine
Bischofliche alte Stadt/ von Stefano
dem ersten König in Hungarn erbauet/
und von Peter Pereny erstlich bevestiget;
wie dann das Schloß/über der Stadt/ auf
einem hohē Felsen liget. A.1552 den 9 Sept.
kame Mehmet Bassa/mit 60000 Mann
und 50 Stücken/vor diese Vestung. Der
dapfre Obriste/ Stephanus Dobo/ zündete
die Stadt an/ und begab sich ins Schloß/
mit 2000 Mann Besatzung : welche samt
den Bürgern Manns- u. Weibspersonen/
13 Stürme abgeschlagen/und sich so dapfer
gewehret/ daß der Feind/ nach 40 Tagen
den 18 Oct. und als er bey 12000 Mann
davor sitzen lassen/ mit Spott wieder abzie-

hen müssen. Diß ist eine von den namhaffte
sten Hungarischen Belägerungen/ und ha=
ben die Belägerten/ auser den kleinen/ bey
12000 schwere eiserne Kugeln gesammlet
und gezehlet/ welche der Feind hinein ver=
schossen. A. 1596 den 18 Sept. kame der Tür=
kische Groß Sultan Mehmet III selbst mit
150000 Mann vor Erla/ als die Obristen
Wilhelm Terzki/ Johann Kinski und Ni=
ari Paul mit 4500 Mann darinn lagen:
welche den 26 gleichfalls die Stadt ange=
zündet/ und sich ins Schloß begeben. Erzh.
Maximilians Gen. der von Schwarzen=
berg/ verweilte zu lange mit dem Entsatz:
dannenhero als Terzki und Kinski krank
zu bette lagen / begunten die noch übrige
460 Soldaten/ nachdeme man etliche ge=
waltige Stürme ausgestanden / mit dem
Feinde zu parlamentiren; welcher / als sie
den 4 Oct. vor die Türkische Geisel ein Thor
geöffnet / ihnen solches ab= und hineinge=
drungen/ alles niedergemacht/ u. also diese
herrliche Vestung erobert / welche von der
Zeit an Türkisch verbleiben müssen. Das
Christliche Heer kame den 23, wiewohl zu=
spat/ vor Erla/ mit 60000 Mann: daselbst
es den 26 diß zum blutigen Treffen kame/

in welchem gleich anfangs der Türkische
Keys. mit seinem ganzen Herr in die Flucht
geschlagen worden: als aber die unseren zu
frühe anfiengen Beute zu machen/wurden
sie vom Türkischen Nachzug in der Unord-
nung überfallen und geflüchtet. Also wurden / um des schnöden und schändlichen
Geitzes willen / die Uberwinder zu Uber-
wundenen: und/ da sie den Feind hätten
verfolgen sollen/und ihnen entzwischen die
Beute nicht entflogen wäre / musten sie
nicht allein ihr eigenes Lager dem Feind
zur Beute hinterlassen/sondern es sind ihrer
auch bey 20000 (die in vorigen Schar-
mützeln Gebliebene darzu gerechnet/) erschlagen worden.

Nach diesem schenkt sich der Teisse/die
Zagywa/in Gesellschafft des Gengers und
der Tarna. An diesem Fluß ligt die Vestung
Hatwan, welche A.1544. die Dancii Herren des Orts verlassen und angezündt/ a-
ber die Türken wieder erbauet und besetzt.
H. Christof von Teuffenbach was A. 1594.

wegen des Sinan Bassa starken Anzugs/die
Belägerung aufheben. Aber A. 1596 den
15 Aug. kame Ertzh. Maximilian vor Hatwan / welches er nach vielen der Türken
blutigen Ausfällen / den 3 Sept. mit
Sturm erobert/ nachmals anzünden und
schleiffen lassen. Als es die Türken abermals wieder erbauet / hat es der General
Graf von Sultz den 20 Nov. durch Aufgab eingewonnen. A. 1604 hat der Obriste
Wilhelm Radislau/ im Monat Septem-
ber/ nachdem die Furcht den Jagenreuter
aus Pest gejaget/diesen Ort gleichfalls an-
gezündt und verlassen: welchen aber die
Türken vom Brand errettet / noch mehr
bevestigt und seither besetzt gehalten. Unter
Hatwan ligt das hohe Berghaus Sombok
oder Schombok; und am Einfluß der Za-
gynwa in die Teisse / die Vestung Zolnok,
welche A. 1548 Graf Niclas von Salm/
K. Ferdinands Obrister /bevestiget. Sie
ward aber A. 1552, als sie der Vezier Maho-
met Bassa belägert / von dem Hasenschre-
ckischen Obristen Niari Lorentz / ungeach
er mit Volk / Munition und Proviant
wol versehen / auch sonsten dem Ort nicht
viel anzugewinnen ware / schändlich ver-
lassen/

laſſen / und den Türken überlaſſen: welche
ihn / als ihrer in Hungarn vornehmſten
Hauptveſtungen eine / in ſonderbarer Ob-
ſicht halten.

Nach der Zagywa / empfähet die Teiſſe
zur linken den dreygeſtrömten *Chryſus*, ſonſten Kreiſch oder Körösch genannt / welcher ihr den Berethon den / Kalo u. die Sa-
gla mitbringt. An dieſem Fluß Kreiſche ligt /
in Sibenbürgen / zwiſchen Waradein und
Clauſenburg / an der Landſtraſſe / das berühmte Dorf Feketebo / zu Teutſch
Schwarzpfütze / von armen Walachen
bewohnt : alwo einer / der noch nit daſelbſt
geweſen / gehänſelt / und in die Kreiſch /
welche ſie den Jordan nennen / geſetzet
wird / oder ſich mit Geld löſen muß / deſſen
auch der LandsFürſt Stefan° Bathori / ſo
hernach König in Polen worden / ſich nicht
geweigert.

Etwas weiter hinab / ligt an dieſem Fluß / die Biſchofliche und Gräntz-
Stadt zwiſchen Hungarn und Siebenbürgen / die Veſtung *Varadinum* oder Groß-
Wardein, von Reformierten bewohnet / alwo in der Schloß Kirche / die Könige S. Ladislaus und Sigismund begraben worden :

welche man aber / samt vielen andern Kirchen und Klöstern / eingerissen und in die
Pasteyen vermauret/ und wird den Bürgern unter einem Schindeldach/ so gleich
einer Scheure ist/ geprediget. Ist eine grosse
Stadt/ und hat überdaß noch 3 Vorstädt-
lein. A. 1598 den 29 Sept. kam der Türkische Vetter Omar Bassa mit 60000 Man
vor diese Vestung: fande aber bey denen
Commendanten/ Melchior von Redern u.
Kiral Georg/ so dapfren Widerstand/ daß
er/ in 12 vergeblichen Stürmen 13000 Man
verlohren/ u. den 3 Nov. mit Spott wieder abziehen müssen. Gott hatte hier sonderlich
geholfen/ weiln nit mehr dann 2000 Mann
Darinn gelegen / und 1300 derselben schon
geblieben waren. A. 1660 im Heu Monat
zoge der Türkische Ali Bassa mit 50000
Mann vor diese Vestung/ und setzte derselben mit Schiessen und Stürmen dermas-
sen zu: daß die Besatzung u. Bürger/ nachdem sie ihren Obristen Ratz Janos verloh-
ren/ zwar nit an Proviant und Munition/
aber wohl an Mannschaft/ Mangel litten/
und keinen Entsatz zu hoffen hatten / mit
dem Feind accordirten/ auch also fort den 17
Aug. A. C. die von 2000 noch übrige 200
Solda-

Soldaten/neben etlichē Bürgern/mit 300
Wägen/nach Debrezin abgezogen/und also diese Hauptvestung/ so ein Schlüssel zu
Hungarn und Sibenbürgen zu nennen/
dem Feinde Christliches Namens in die
Hände geliefert. An der untern Körösch/
wo dieselbe in den See Zarkad fället / ligt
die Vestung Gyula oder Jula: welche A.
1566 von dem Pertau Bassa mit 80000
Mann belägert / endlich nach erlittenem
grossen Verlust/den 2 Sept. durch schänd-
liche Ubergab erobert worden. Die Solda-
ten/ so die Vestung nit länger verfechten
wollen/wurden/aus gerechter Verhängnis
Gottes / als sie auf Accord abzogen/von
den Türken vor der Vestung niderge-
macht/ der Commendant aber/ Ladislaus
Keretschin / nach Constantinopel gefäng-
lich eingebracht/und daselbst erdrosselt:und
ward solchergestalt/eine Untreu durch die
andre gestraffet.An der Kalo/welche unter
Gyula einfließt / ligt das Castel Kalo; so
itzund an Sibenbürgen gehören soll.

Nach der Kreische/ergießt sich die Teisse ein grosser und starker Strom/ die Ma-
rotz/ zu Latein *Marisus*,der oben aus dem
Gebirg entspringet/und mit dem Aranias/

beyden Kokeln/dem Ompay oder Apulus/
und dem Jstryg oder *Sargetia*, auß Sibenbürgen trunken zu ihr kommet. An dem
Kochel / ligen die beyde Siebenbürgische
Teutsche Städte Segeswar oder Scheß-
burg/ und Megies oder Medwesch. Den
Zusammenfluß der Marocz und Ompay/
adelt die Siebenbürgische Teutsche Stadt
und Fürstliche Residenz Weissenburg/auf
Hung. Feyrwar / vorzeiten von Keys.
Marc. Aureliens Mutter / der Julia Au-
gusta/*Alba Julia*, sonsten auch *Apulum* genannt. Drey Meilen davon / hinaufwarts
gegen Clausenburg zu/ ligt das Städtlein
Zlatna: welches unser Teutscher Home-
rus/in dem er/sein herrliches Gedichte von
der Ruhe des Gemüts / mit diesem Nahmen betitelt/auch darinn den Ort und diese ganze Gegend gar schön beschrieben/ in
das Erz der Ewigkeit eingeschrieben ; und
wäre zuwünschen / daß / das von diesem
theuren Mann uns versprochene Alte Da-
cien/nicht mit ihm wäre begraben worden.
Unter Weissenburg hinab / ligen an der
Marocz noch zwo andere Siebenbürgische
Teutsche Städte/ nämlich Millenbach/
und

und Broß / sonsten Zazwaras genannt.
Nach dem Einfluß des Istrygs / wo die
Marosch sich Abendwarts krümmet / ligt
zur linken das Thal und Gebirg Vascapo
oder Eisenthor / eine änge Strasse gegen
Siebenbürgen : alda A. 1442/der unver-
gleichliche Kriegsheld/Johann Hunniad/
dem Bassa Bassäo/der mit 80000 Mann
eingefallen / nur mit 15000 Mann/aber
auch mit Gottes Beystande/ (den er vorher eifrigst angeruffen//) fast die Hälfte
seines Heers abgeschlagen.

Unter diesem Gebirge/ligt an der Marosch die Vestung Lippa/welche Marggr.
Georg von Brandenburg/ K. Matthiæ
Corvini Eydam / erstlich ümmauret und
verbollwerkt. Dieser Ort ward A. 1551
von den Türken/als der Commendant Johann Peteo/ aus Furcht / und nicht aus
Noht/davon geflohen; iedoch/noch in diesem Jahr/ im November/von dem Münch
Georgen und dem Keyserl. Feldherrn Ca-
staldo / wiederüm erobert. Im folgenden
Jahr/als Temeswar im Junio an die Türken übergangen / hat der Obriste Aldena/
ein Spanier / diesen Ort aus Zagheit ge-
　　　　　　　　　　　　　　　　spren-

sprenget und verlaſſen: welchen die Türken
wiederum aus der Aſchen erhoben/und 44
Jahre lang behalten/bis ihnen ſolcher 1595
von den Siebenbürgern/denen er noch zugehören ſoll/wieder abgedrungen worden.
Beym Einfluß der Maroſch/ ligt die Bi-
ſchoflliche Stadt Chonad oder *Chanadium,*
ſonſten Gyngiſch genannt. Sie ward erſtlich A.1547/und abermals/ als es die unſern wiederbekommen / aber A. 1552 liederlich wieder verlaſſen/von den Türken erobert. Als ihnen die Siebenbürger A.1595
den Ort abgerennet/haben ſie ſolchen Anno
1598 wieder gewonnen / und ſeither be-
hauptet. Gegenüber ligt die groſſe und reiche Handelſtadt Segedin/welche Sultan
Soliman zeitlich erobert und beveſtigt.
Die unſrigen nahmen zwar A 1552 die
Stadt ohne das Schloß ein: wurden aber
bald darauf/ durch den Ali Baſſa von Of-
fen/ ins Feld hinaus gelockt / geſchlagen
und geflüchtet / welcher nachmals 5000
Chriſten-Naſen nach Conſtantinopel geſchickt / wiewohl der Türken nit weniger
geblieben. Seither iſt dieſer Ort Türkiſch/
ſamt der daſelbſt zwiſchen der Donau und
Teiſſe

Teiſſe gelegenen breiten Ebene und herrlichen Viehweide; von daraus ein groſſes
Theil von Europa mit unzehlich groſſ-und
kleinem Vieh verſehen/ und/ durch ſolchen
Kaufhandel/dieſer Stadt groſſer Nuße zu-
gezogen wird.

Der letzte Fluß / ſo in die Teiſſe ſich er-
gieſſet/iſt die Tömös / welche noch etliche
kleinere/als die Barchza / den Craſſo und
Bogin/it ſich bringet.An dieſem Fluß / liget / die von ihm benahmte Veſtung und
groſſe Stadt Temeswar: welche von den
Türken / A.1551 vergeblich belägert; a-
ber A.1552/ als Mehmet Baſſa mit mehr
als 100000 Mann den 24 Jun. davor
gezogen/ und ſie mit 70 Stücken beſchoſ-
ſen/den 29 durch Aufgab erobert worden.
Der Baſſa ließ/ dem ertheilten Accord zu-
wider/die Beſatzung im Abzug niderhau-
en/ und ſendete den Obriſten Steph. Loſ-
ſonſo / den die Soldaten zur Aufgabe ge-
zwungen hatten/gefänglich nach Conſtantinopel / alda ihme nachmals der Kopf abgeſchlagen worden. In der Ebene vor dieſer Stadt/ wurden die Türken zweymahl/
als A. 1463 von Pancratio/dem Sieben-
bür-

bürgischen Landvogt K. Matthiæ; und A.
1596 von Sigismundo Bathori Fürsten
in Siebenbürgen / alß sie der Vestung zu
Entsatz kamen / geschlagen. Nachdem die
Teisse diesen Fluß eingetrunken/ sihet man
sie/bey dem Flecken Besche, welcher vorzeiten Tibiscum geheisen/ von so vielen starken Trünken beräuschet/in die Donau tau-
meln.

Gegen diesem Einschuß über / ligt
rechterseits der Donau der Markt Carlowiz,
und weiter hinab der M. Semlin: allwo sie
den dritten Hungarischen Hauptstrom/
die SAW, in den Schoß empfähet. Dieser
Strom/zu Latein Savus, beym Plinio Saus
genannt / entspringt an der Gränze zwischen Kärnten und Ober-Crain / nit sehr
weit vom Ufer der Draw / auß den Norischen oder Nordgauischen Alpen/und fliesset erstlich durch Crain / alwo er den Bans-
ker/ die Laubach / Sana/ Gurk und viel
andere Wasser eintrinket. Dieꝛnächst nimmet er seinen Lauf mitten durch das Königreich CROATIEN: da dann die
Flüsse / Culp oder Colapis, und Una /ihr
in den Schoß fallen. Die Culp empfähet/
kurz

kurtz vor ihrem Außfluß/die Korana / Do-
bra und Mersnitz : bey derer Zusammen-
fluß/Ertzh.Carl in Oesterreich / A.1579/
eine Schantz mit 6 Pasteyen gebauet / und
nach sich Carlstadt nennen lassen. Wieder-
üm/beym Einflus der Petrina in die Culp/
ligt die Vestung Petrinia : welche vom Hasan Bassa A. 1592 erbauet / A. 1593.
durch Herrn Ruprechten von Eggenberg
vergeblich belägert/A. 1594 den 31 Jul.
von Ertzh. Maximilian erobert und geschleifft; abermahls A. 1595 / als es die
Türken wieder erbauet / durch gedachten
von Eggenberg eingenommen und besetzt
worden. Als es die Türken A. 1596 im
September wieder belägerter./ wurden sie/
durch Herrn Hanns Sigmund von Her-
berstein / mit grossem Verlust hinweggeschlagen : dessen ungeacht / sie im folgenden
November/ iedoch vergebens/wieder davor
gezogen / und seither diese Vestung den
Christen lassen müssen.Die unweit davon
am Einfluß der Oder in die Culp / gelege-
ne/ Vestung Chrastowitz/ hatte allemahl
Antheil an dem Glück und Unglück ihrer
Nachbarinn Petrinia.

Un-

Unten am Zuſammenfluß der Culp
und Sau/an der Inſel *Segeſtica*,gegen der
Biſchoflichen Stadt Zagrabia oder Agram
über/ligt die Veſtung Siſſek, ſo vor das alte *Siſcia* gehalten wird.Sie ward vom Haſan Vaſſa zweymal/ A.1592 und 1593
vergebens belägert : da er das letzermahl/
weil er an den erſten Schlägen ſich nit
wollen genügen laſſen / wiewohl er 30000
Mann ſtark ware / von 5000 Chriſten/
unter Anführung Herrn Andreæ von Au-
erſperg und anderer Obriſten / durch ſon-
derbare Gottes-Hülfe / aufs Haupt geſchlagen / daß er uber 12000 Mann auf
der Wahlſtatt und in der Culp/ darinn
der Bluthund ſelbſt mit ertrunken / hat
müſſen ligen laſſen: allen Chriſtlichen
Kriegsleuten zum tröſtlichen Beyſpiel/
daß es Gott gleichviel ſey/ durch wenig o-
der viele den Sieg geben / und daß ſolcher
nicht eben durch groſſe Mänge müſſe erhalten werden.Siſſek wurde zwar noch diß
Jahrs/im Auguſto /vom Beglerbeg aus
Grácia / als er den Ort übel beſetzt fande/
mit Sturm erobert / jämmerlich ausge-
würgt/ verbrennt und geſchleifft: iſt aber
                                        doch

doch von den Chriſten wieder erbaut und
beſetzt worden / und bis auf dieſen Tag
unſer verblieben.

Aus Croatien / wandert die Saw in
die Königreiche SLAVONIEN (deme
Raſcien anhanget /) und BOSNIEN;
zwiſchen denen ſie gleichſam die Scheidwand iſt: und ſchenken ſich ihr in Boſnien /
die Flüſſe *Verbanus* oder Worwatz / und die
Boſna / ſo dem Lande den Namen gibet. O-
ben / wo die Flüſſe Plena und Bozwcha
(in welchen die Hung. Königin Eliſa-
beth / K. Ludwigs Wittib und K. Sigmunds Schwieger / A. 1385 vom Johann
Horwath / Ban oder Stadthalter in Croatien / verſenkt und ertränkt worden /) der
Worwatz einflieſſen / ligt die alte Stadt
und Veſtung Jaitza / die Hauptſtadt in
Boſnien: welche K. Matthias A. 1463
den Türken / die kurz vorher ganz Boſnien
erobert hatten / wieder abgenommen; die
Türken noch diß Jahr / wiederum A. 1471
abermals A. 1520 und 1523 / vergeblich
belägert: bis ſie endlich / von dem zaghaften
Commendanten Stefano Gorbonoki / an
den Erbfeind / deſſen ſie dann noch iſt /
ſchändlich übergeben worden.

An

An Bosnien und Croatien/ gränzet mittagwärts das Land ILLYRICUM, begreifend in sich die Provinz Liburnia (so heutzutag zween Namen hat / und das obere Theil Morlacha,das untere Contado di Zara heist/) und das Königreich DALMATIA, und am Adriatischen Meer sich hynabstreckend: deßen Gestade mit Zeng, Nona, Zara, Tina, Sebenico und Scardona (derer die fünf ersten/ vorzeiten Senia, Ænona, Jadera, Cetina und Sicum geheißen/ und die letztere / gleichwie auch Clissa,ein Nest der Türken ist/)ferner mit Trau,Spalatro, Almisa,Ragusa (vordeßen Tragurium,Spalatum,Peguntium, Epidaurus genannt/) und anderen vornehmen Städten und Vestungen/ prangen; auch noch die Stein-Trümmer der uralten Stadt Salona , alwo Keyß. Diocletianus nicht allein geboħren worden/sondern auch die Keyserliche Regirung mit dem Feld-und Gartenleben verwechselt hat.

Auf Rascien und Bosnien / folget Linksseits der Saw/die alte Provinz MOESIA oder Mysia,deren oberer Theil heutzutag Servia oder Syrfen,das untere aber Bulgaria

garia heiſſet: und trinkt allhier die Saw
noch zween Flüſſe / nämlich die Drina/
worein der Lim (vorzeiten *Timacus* ge=
nannt/) und die Mecz fället/und die Colu=
bra; linkſeits aber und von der Croatiſchen
Gränz herab / die Criawa/ Darnaza/ der
Brozky / Valko und einen andern Bozut
tha/ ſo des *Plinii Bacuntius* iſt. Zwiſchen
der Colubra und Drina / ligt in einer In=
ſel des Saw Fluſſes / die Veſtung Sabatz
oder Sawacz: welche von den Türken/
gleich anfangs als ſie in Hungarn erſtlich
einfielen/ erbauet / und von K. Matthi
A. 1475 erobert worden / aber A. 1521
wiederum an den Groß Türken Soliman
verlohren gegangen.   Unterhalb der Co=
lubra / ligt an eben dieſem Ufer die Stadt
Czarnon: bey welcher der theure Herr
Hunniades A. 1445 das Türkiſche Heer
geſchlagen/und alſo / die vorhergegangene
Niderlag der Chriſten bey Varna / zum
theil gerochen hat.

    Beym Einfluß der Saw/ letzet ſich die
Donau mit Hungarn: nachdem ſie/ in
dieſem Königreich 3 Haupt-und 11 an=
dere Städte, (unter denen 4 Biſtümer,)
                                    auch

auch über 10 Märkte, beströmet; sonsten
aber 4 Haupt-und 8 andere Flüsse, samt
mehr als 80 Einflüssen, zu sich genommen/
und aufgeschlucket.

Der erste Ort in SERVIA, ist die
Hauptstadt dieser Provinz / unter denen
an der Donau die Zehende / die Stadt
Alba Græca oder Griechisch Weissenburg,
sonsten Belgradum, und auf Hung.
Nandor Alba genannt/ deren *Plinius* unter dem Nahmen Taurunum gedenket.
Sie ligt am Zusammenfluß der Sau und
Donau/mit einem hohen und vesten Berg-
Schloß. Sie ward erstlich A. 1440
von Amurath II belägert / aber durch
den dapfern Obristen Johann von Ragusa ritterlich beschützet : welcher/ als der
Feind die Vestung zu untergraben gesucht/ihme gegenminirte / die Grube mit
Pulver/Schwefel / Salpeter und Pech
anfüllen/vermauern / und / als er den
Feind nahe vermerkt/durch ein klein Löchlein mit Lauf-Feuer anzünden liesse ; da
dann/in der grossen / langen und weiten
Höle / bey 17000 Türken verdurben/
und der Tyrann/ nach siebenmonatlicher
Belägerung/ in welcher er auch sonst bey

E   8000

8000 Mann verlohren/mit Schande und
Schaden abziehen muste. A. 1456
den 21 Jun. zoge sein Sohn Mahumet
II mit 150000 Mann davor / und beschosse den Ort härtiglich mit groben
Stücken. Aber der theure Held Hunniades sammlete eilends ein Kriegsvolk/setz-
te sich damit auf die Donau / schluge des
Feinds Armada/und kame also/in Gesellschaft des München Capistrani/mit Proviant und Volk in die Vestung. Nachmals hat er mit Hand und Verstand / zugleich Capistranus mit dem Gebet / äuserst
gefochten. Den 6 Aug. als die Türcken
ein grosses Stück von der Mauer gefället/
liesse er die vornemsten derselben hinein
dringen / überfiele sie nachmals von allen
seiten / und machte sie alle nieder / that
über das einen Ausfall/eroberte des Feinds
Stücke / und beschosse mit denselben das
Türkische Lager selber. Dieses Gefechte
währete den ganzen Tag / und ward der
GroßTürk Mahumet selbst in ein Aug
verwundet : Welcher hierob bestürzet/die
folgende Nacht das Läger angezündet und
davon gezogen / nachdem er bey 40000
Mann vor und in der Vestung sitzen lassen.

A. 1493 suchte der Alt-Begl den Ort durch
Berrähterey beyzukommen: Aber der Obriste Paulus Kinisius erforschte, die Verrähr-
ter/ließe einen nach dem andern braten/und
durch seine Gesellen auffressen/bis auf den
letzten/den er Hungers gesterbet. Er schlu-
gs auch/im folgenden Jahr/die Türcken hin-
weg/als sie abermals davor kamen. Endlich
A. 1521/indem die Hungarn zu Ofen/auf
K. Ludwigs Beylager/sich lustig machten/
u: um den Schaden Josephs wenig bekümm-
mert waren/zoge Solimannus mit grosser
Macht davor/u: eroberte den 29 Aug. diese
Vestung und Vormaur des Königreichs
Ungarn / durch Ubergab und Accord/
den er gleichwol nicht gehalten / sondern die
Besatzung niderhauen lassen : und ist seit-
hero niemand von den Christen gewesen/der
sie hätte zu belägern begehret.

Von Belgrad/kommt die Donau nach
Sinderovia, von den Türcken Semender, den
Hungarn Zendreu und vor Alters Singidu-
num genannt : welchen Ort der Türk A.
1439 in Augusto erobert / und die Hun-
garn A. 1476 vergebens wieder belägert.
Die Türcken haben / zwischen den beyden
Städten Belgrad und Zendrew/zwo Nider-

E ii   lagen/.

lagen/als A. 1441 der Isaac Bassa/von
Hunniades/und wiederum A.1492/erlit-
ten. Hierauf folget/am Ufer der Donau/
nach Einfluß der Jasenitz, die Stadt Galb-
wartz oder Taubenberg, zu Latein Colum-
baria genannt: Bey welcher K. Sigmund
von den Türken das andermal geschlagen
worden. Hineinwarts gegen dem Gebyrg/
bey der Morava, machte Hunniades A.1449
den Türken Frigi Beg das Feld räumen:
welcher auch vorher A.1443.im Augusto/
etwas weiter hinab zwischen der Nissawa
(welche die Schitwitz und Toplitz zu sich
nimmt/und nach der Ibar/dem Pinguss.
Moschus/ von der Morawa, die oberhalb
Widin in die Donau fällt. / verschlungen
wird/) und der Donau/ in einem Tag die
Türken fünfmal/u. in folgender Nacht dem
Bassa von Anatolien aufs Haupt/ geschla-
gen/da der Türken bey 30000 ins Gras beis-
sen musten. Unter Taubenberg/empfähet
die Donau zur Rechten ein Wasser/die Zul
genannt: und fleust von dannen über die
Steintrümmer einer Brücken/welche Keys.
Trajanus/als er Decebalum den König in
Dacien bekriegete / über diesen starken und
breiten Strom erbauen/ aber sein Reichs-
Nach.

Nachfolger Keyf. Adrianus (aus Furcht/
daß die Barbarn in das Römische Gebiete
herüber fallen möchten/) wieder abwerfen/
lassen. Diese Trajanus-Brücke stunde auf
20 aus Quaterstücken aufgemauerte Pfei-
lern/derer Höhe/ nur von der Oberfläche
des Wassers an/ 150 Schuche/ die Breite
aber 60 Schuche gewesen; und waren sie
oben mit Swibbögen geschlossen/ stunden
auch ieder ben 180 Schritte von dem andern.
Diese Zahlen zusammen gerechnet/bringen
auf 4000 Schritte/ und also eine Teutsche
Meil ist demnach dieser Bau / wegen der
Breite und Tieffe des Stroms/ wohl unter
die Welt-Wunderwerke zu zehlen. Sonsten
wäre / an der Pfeiler einem / diese Uber-
schrift zu lesen:

PROVIDENTIA. AUGUSTI.
VERE. PONTIFICIS.
VIRTUS. ROMANA. QUID. NON. DOMAT.
SUB. JUGUM. ECCE. RAPITUR.
DANUBIUS

Man sihet annoch / am Gestade / War-

Unterhalb Zewten/stürtzt sich der Donau zur Linken abermals ein Hauptstrom in den Schoß/ nämlich die Al oder ALUTA. Dieser Strom entspringt/ oben in dem Zeckler-Land/ aus dem Carpathischen Gebirge/ und nimmt unterwegs die Burcz/ Cibin u. viel andre Wasser zu sich/ die ihme meist SIEBENBURGEN zuschicket. Dieses Fürstentum/ denne heutzutag Michael Abaffi von Hermanstadt fürstehet/ hiesse vor uralters Jazygia, und ware nachmals ein Stuck von dem grossen Königreich DACIA, welches/ neben dieser Provinz/ auch die Moldaw und Walachey in sich begriffen/ u. von Pannonien/ linkseits an 8 Donau hinab/ bis an den Ausfluß dselben ins Schwartze Meer/ sich erstreckte/ und vom K. Trajano zur Römischen Provinz gemacht worden: wie dann die heutigen Inwohner gegen dem Meer/ als die Moldauer und Walachen/ sich annoch der wiewohl etwas verstrüppelte Lateinischen Sprache gebrauchen. Die Hauptstadt dieses Königreichs und K. Decebali Hof-Sitzstadt hiesse Zarmizegethusa, hernach von K. Trajano Colonia Ulpia Trajana genannt/ welche zwischen den beyden Flüssen/ der Aluta und Marocz/ im

von Dacia gelegen / und bey 5 Teutscher
Meilen im Umkreiß soll gehabt habē. Solches bezeugen annoch die weit und breit
daselbst herūm stehende Stein-trümmer:
deren auch sonsten / von den Inwohnern
des auf diesem Platz gelegenen Fleckens
Varhel / noch täglich viele ausgegrabē
werden. Es fliest allhier vorbey der Fluß
Sargetia : welchen der K. Decebalus / als
er von den Römern sich überwunden sahe /
ableiten / ein Gewölbe darein bauen / und /
nachdem er seine Schätze (damit sie den
Römern nicht zu Theil würden /) darein
verschlossen / den Strom wieder darüberhin
laufen lassen. Dieser Ort wurde gleich-
wohl K. Trajano nachmals verrahten / der
dann ein gutes Theil davon ausgefischet.
Vor 100 Jahren haben etliche Fischer noch
ein Gewölbe angetroffen / aus welchem der
Mönch Georg / damahliger Statthalter in
Siebenbürgen / einen grossen Reichtum erhoben / auch Keys. Ferdinando 2000 Golds-
Müntzē / derer iede 3 Ducaten schwer gewesen / davon zugesendet. K. Trajanus hat /
von diesem gefundenem Schatz / ein Denk-
mahl aufgestellet / dieses Innhalts redend :

E iiij   Jo-

JOVI. INVENTORI. DITI. PATRI.
TERRÆ. MATRI.
DETECTIS. DACIÆ. THESAURIS.
D. NERVA. TRAJANUS.
VOT. SOLV.

Sonsten ligen an der Aluta/ die zwo Siebenbürgische Teutsche Städte Cronstadt und *Stephanopolis*, von den Hungarn Brässo genahmt/ zu. Hermanstadt oder *Cibinium*, ist Haupstadt in Sibenbürgē. Diese/samt den ihren Teutschen Städten / sind A. 1143 (wie zu Cronstadt/ eine Wandschrift in Häuptkirchē zu Unser Frauen /bezeiget) von K. Geysa II mit Sachsen besetzt: wie dan Hermanstadt/ den Chur Sächsischē Schnit mit den zweyen Schwerdern/vielleicht zum Andenken dessen/im Wappen führet.

Die Altē haben der Donau zween Nahmen gegeben: daher sie/ dem *Ovidio, binominis* oder zweybenahmt heisset.(α) Gewiß ist es/daß sie mit dem Nahmen ISTER in das Meer fället; aber ungewiß an welchem Ort sie diesen Nahmen erstlich bekomme. *Stra-*

halte denselben / bis sie mit Illyrien sich ablei-
get. *Ptolemæus* (*d*) läßt ihr solchen / bis zur
Stadt Axiopolis ; aber *Appianus* (*e*) will
ihr denselben / allbereit beym Einfluß der
Saw / abnehmen.   Weil die Griechischen
Jahrbücher dieses Stroms mehrertheils
unter dem Nahmen Ister erwähnen ; also
ist zu vermuthen / daß er solchen Nahmen
von den Griechen / und erstlich in ihrem
Lande / etwan bey Nicopoli / bekommen.

Unter der Trajanus-Brücke / trinkt die
Donau den mit der Sucowa oder dem Chi-
abro verschwesterten Fluß Ischia, und weiter
hinab den Jatrum, heutzutag die Abitz genannt. Etwas oberhalb dem Einfluß der I-
schia / ist die Walstatt / alwo A. 1595 im Monat May / Sigismundus Bathori Fürst in
Sybenbürgen / die Bassen Hasan / Ferrat /
Cicala u. Ogly / welche mit 150000 Mann
in Sibenbürgen übergehen und einfallen
wollen / unversehens übereilet / und sie mit
Verlust 19000 Türken in die Flucht geschlagen : Wiewol er auch bey 8000 Mann
mitzuge cgit. Beym Einfluß d' Abitz / ligt die
Stadt Nicopolis / von den Teutschen Schil-
taw genannt / nach Cromeri Meinung / die
Hauptstadt von BULGARIEN : bey wel-

d) in descr. Dac.   *e*) de bell. Illyr.

cher/ A. 1396 den 28 Sept. der Europäischen Christe erstes aber unglückliches Treffen mit dem Türken vorgangen/ indem K.
Sigmund von dem Groß Sultan Bajazet/
wege allzu kühner Vermessenheit der Fran-
tzosen/ in die Flucht geschlagen worden/ u. bey
10000 Mann verlohren/ wiewohl der Türken auch bey 60000 sollen geblieben seyn.
Bajazet hatte diesen Ort vorher erobert/
welchen K. Uladislaus A. 1444 vergeblich belägert/ und die Türken bisher behal-
ten.

Nach der Abitz/ fälle in die Donau
der Fluß Ischa , vorzeiten Escamus genannt; und weiter hinab / zur lincken
Hand/ der Tiarantus, itzt die Dombrovitz:
wieder iun der Telcz oder Ararus, und aber-
mals/ gegen der Stadt Axiopolis über / die
Jalonicz, welche vorzeiten Naparis geheissen. An jenem/ ligt die Vestung Buco-
rest ; und an diesem/ die alte Walachische
Fürstliche Residenz Tergovist: welche beyde A. 1595 vom Sinan Bassa erobert/ a-
ber noch selbigen Jahrs/ als ihn der tapfre
Fürst Sigmund verfolgte / wieder verlassen müssen. Gegen dem Einfluß der Telt
über/ zwischen den beyden Bergen *Hæmo*

und *Rhodope* (welche vordessen / d
Thracische uralte Poet *Orpheus* ; durc
sein künstliches Leyerspiel lebend und b
rühmt gemacht/) ist A. 1443. am Christ
abend/ der Bassa aus Phrygien Carem
beg/ von Hunniade geschlagen und in Per
son gefangen worden. Auf dieser Sei
ten/ wo die Donau sich gegen Mitternach
krümmet / schenket sich ihr der Fluß Oiu
jenseit aber/ etwas weiter hinab / der ZE-
RETHUS, der Alten ihr Ordessus, wel
cher ihr die Moldawa/ Ristriva / Alyso
wa und Bardalach mitbringet. Dieser
Fluß scheidet zwey Fürstenthümer / die
MOLDAW und WALACHEY: deren
das letztere/ von dem Römischen Landpfle
ger *Flacco* , den Nahmen Flaccia bekom
men / welcher nachmals in Valachia ver
kehrt worden. Vor etlichen Jahren hat
ein Franzos/ Wilhelm *Vasseur de Beauplan.*
K. Uladislai in Polen unter dem Genera
lat des Coniecxpolski gewesener Jngent
eur/ etliche Mappen von der Polnischen
Provinz Ukrayne / die er zu solchem Ende
auf des Königs Kosten durchreiset / her
ausgegeben: Darinn er/ zuwider allen an
dren

dren Mappen / die Moldau oben an Polen / die Walachey aber herunter an die Donau verleget; weiter er / auf seiner Reisen
die vermeinte Moldau die Walachey nennen hören / und von Walachen bewohnt ge-
sehen.   Er hätte aber nur den Hungarischen Landherrn und *Vice Palatinum Ni-*
colaum Isthuanfium (deme dann / als einem solchen / dißfalls wohl zu trauen /) auf-
schlagen mögen / der würde ihm bald haben
aus dem Traum geholfen.   Es sind /
schreibt er / (?) zwey Walacheyen / so vorzeiten / mit Siebenbürgen / den einigen
Nahmen *Dacia* gehabt : heutzutag wird
das eine Theil die Moldaw / das andre
Transalpina (von dem Gebirge und Alpen / die es von Hungarn scheiden /) genennt.   Die Moldaw / strecket sich nahe
an das Schwarze oder Euxinische Meer;
aber das Theil *Trans alpina*, gränzet mit
der Donau / durch welche es auch von Bulgarien gesöndert wird.   Andre nennen /
die Moldau / die grössere / und Transalpi-
nen die kleinere Walachey.   Also bleibt
nun wahr / daß oben an der Pofnischen
Gränze eine Walachey sey : sie wird aber /
zum

(?) *de reb. Hungar. lib. 13. pag. 218.*

auch Unterscheid/ vielleicht von dem Flusse/
die Moldaw genennet: deren Fürst vorzeiten zu Suchaw, oder Soczaw hofgehalten/
heut zu tag aber zu Jassy residiret.

Der letze Strom/ so sich der Donau ein-
schenket/ist der PRUTH, vorzeiten Hiera-
fus genannt: welcher/kurz vor seinem Einfluß in einen fischreichen See anschwimmet/
und der Donau einen starken Baß-Rausch
zubringet. Also taumelt sie dahin/ auf daß
sie/ die seither so viel buntes Wasser ein-
geschlucket/ hinwiederum ausgeschlucket
werde. Es scheint/ als wolle sie mit Fünfen/
(wie Herodotus und Strabo wollen/) oder mit
Sechsen/ (nach Plinii Meinung/) oder gar
(wie Ammianus und Solinus zehlen/) mit
Sieben Strömen/ die starken Trünke wiederum in das Euxinische oder Schwarze Meer
übergeben. Diese 7 Ostia oder Ausflüsse,
stürzen sich mit so gewaltigem Schuß in das
gesalzne Meer/ daß man / auf 10 Meilen
Wegs/ ihr süßes Wasser noch spüren und
trinken kan. Sie werden von Plinio (a) be-
nennet/ und heißt der erste Hierostomon oß,
Heiligmund/ sonsten Peuce, von seiner Insel diß Nahmens; bey dessen Ausgang die
                                  Stadt

a) lib.4.c.12. Hist. nat.

Stadt Pangala liget/so vorzeiten Istropolis
geheisen. Der andre heist Narcostomon,
Faulgang/ von seinem faulen und langsa-
men Fliessen ; der dritte Calostomum,
Schön-Mund ; der vierte Pseudostomum,
Falsch-Mund/weil ihn die Donau fast halben Wegs unter der Erden absendet/ und
wird seine Insel/Canope, auch von der das-
selbstigen Uberfuhr/Diabasis genannt. Der
Fünfte/heist Boreostomum, Nordmund/
weil er Mitternacht-herwarts fliesset ; der
sechste/Stenostomum, Aengmund; und der
Letzte Spirostomum, Schlankmund/weil er
sich wie eine Schlange daher krümmet. Etliche lassen das *Pseudostomum*, andere das
Spirostomum, aus/oder halten beyde für einen Ausfluß/und wollen/der siebende Ausfluß verliehre sich in einen See / welcher
dann/unter dem Nahmen Rosone; in der
Mappe/aus andren mit angesetzet worden.

Was sonsten/durch ganz Mösien bis hie-
her/für Orte an der Donau ligen/hat man/
weil die Türkische Barbarey beyde Ufer in
dieser Provinz langsthero beherschet / nicht
so ausführlich/als in vorhergehenden Pro-
vintzen/andeuten können: Jedoch lassen sich/
wenigst bey 16 Städte, zehlen / auser den
Märk-

Märkten/derer zweifelsfrey auch viele seyn
werden. Sonsten finden sich in Mösien / 3
Hauptflüsse, 10 andere Flüsse und 12 Zuflüsse, so viel davon wissend. Wann man
nun alle diese Oerter und Wasser zuhauf
summiret / so netzet / der ganze Donau-
Strand/bey 80 Städte, auch über 60 Märkte; ferner so empfähet er/nächst 16 Haupt-
Strömen, über 84 kleinere Flüsse, welche ihm
noch über 150 Zuflüsse mitbringen. Weil
aber Plinius von 30 Schiffreichen Flüssen
schreibet, so wollen wir den 16 Hauptflüs-
sen noch 14 starke Ströme/als die Brenze
und Günz in Schwaben/die Par samt
dem Inn, Einfluß Salza in Bayrn / die
Traun und den March-Einfluß Teya in
Oesterreich/die Wag samt der Muer/Ma-
rocz und Bosna/(welche in die Drau/Teis-
se und Sau fliessen/) in Hungarn/und die
Morawa/Dombrovitz/Telz u. Jalonitz in
Mösien/zu zehlen/u. also die Zahl erfüllen.
Nun wollen wir nach Griechisch Weissenburg zurücke kehren/und / von dar aus/
über Land nach Constantinopel reisend/et-
liche Oerter unterwegs beschauen. Diese
Reise hat A. 1643/ Herr Georg Andreas
Harstörfer, Nürnbergischer *Patritius* und
deß

des Untergerichts daſelbſt Aſſeſſor , als
Hof Junker des Keyſerl. Abgeſandtens H.
Alexandri von Greifenklaw/ glücklich ver=
richtet : welcher/ die Tagreiſen derſelben
dem wehrten Leſer hierbey mitzutheilen/ ih=
me belieben laſſen. Sie fuhren den 6. Mar=
tii von Wien ab zu Waſſer/ u. kamen den
29. zu Griechiſch weiſſenburg an: von dan=
nen ſie folgenden Tags zu Land abreiſeten/
kamen eine halbe Tagreiſe in den Marckt
Hiskartzki; von dar auf das Dorf *Cohnar,*
und die Stadt Haſſainbas, 1. Tagr. Fer=
ner auf D. *Batiſma,* und St. Jagodna, 2
Tagr. an der Morawa. In dieſem Städt=
lein ſoll / noch vor wenig Zeit/ eine Schlag=
Uhr geweſen ſeyn / derer man ſonſt in der
Türkey ſich nicht gebrauchet. Folgends
gieng die Reiſe/ auf St. Hamo (vielleicht
Hæmo, von dem Gebirge daſelbſt alſo ge=
nennt/) 1 Tagr. wiederüm auf die Oerter
Raſni und *Alexis* 1 Tagr. und dann auf die
St. Niſſa, eine halbe Tagreis : welcher Ort
vor den halben Weg von Wien auf Con=
ſtantinopel geachtet wird. Dieſe Stadt ſoll
ſo groß/ als die Reichs Stadt Dünkelspühl
in Schwaben / ſeyn/ u. / wie aus vielen ver=
fallenen Gemäuren abzunehmen/ eine vor=

ñchme Stadt vor alters gewesen seyn. Von
hinnen reiseten sie auf *Duricesuba* 1 Tagr.
und weiter zur St. Scharkoi/eine halbe / a-
bermals nach D. *Sarberot* oder *Saribtbru.*
zur St. Tragemohd, von andern Dragona
genannt/ 1 Tagr. Wo D. Harod dieser / auf
einem hohen Berg/ein hölzernes Creuß ge-
funden/ wor ein viel Nähmen geschnitten
gewesen. Auf diesem Wege/ befindet sich zur
lincke die Wahlstatt / alwo der theure Held
Hunniades A. 1443/dem Erbfeind in Einem Tag fünfmal obsiegend / auch in folgender Nacht den Bassa von Anatolien
auffs Haupt erlegend / 30000 Türken
schlaffen gelegt. Zur rechten/ligt das Feld
Cassova oder Amselfeld: in welchem eben
dieser Hunniades A.1448 vom 8 Oct. an/
3 Tage lang mit den Türken getroffen/
endlich aber/nachdem 8 Feinde bey 34000
erlegt waren/ mit Verlust 8000 der seini-
gen/die Flucht geben müssen. Als er in dieser Flucht/ganz wehrlos von zweyen Mör-
dern überfallen worden/und sie ihm ein gül-
denes Creuß/das er am Hals hangen hatte/
zancken sahe/ hat er dem einen unversehens
das Schwerd aus der Hand gerissen / den
andern damit erstochen/jenen verjagt/und
                                      also

also sich loßgewürket. In diesem Feld führet der Weg / zu dem gleich einem Thurn/
und Gaden/hoch aufgemaureten und mit
einem bleyern Rund-Dach gezierten Grab
Amurats des 3 Türkischen GroßSultans; welcher daselbst/A. 1388 den letzten
Decembr. als er wider den Hospodar in
Servien zu Feldlage / von dessen Diener
Milosch Kabilowiz / einem alten Syrfi-
schen Reutersmann/als er ihm seinen Fuß
zu küssen dargeboten / mit einem Dolchen-
erstochen worden: von welcher Zeit an/kein
GroßTürk ihm die Füsse/sondern die Hände küssen lässt/ und müssen überdas noch 2.
Bassen/dem Küssenden die Arme halten.

Von Tragemond setzten sie ihren Weg
fort/und kamen 1 Tagr.nach Sophia, so die
Hauptstadt in der Bulgarey/ und eine berühmte Kaufmannsstadt/ auch des Beg-
lerbegs aus Gräcia Sitzstadt ist/und in einer so schönen Heydeliget/daß die Schön-
heit des Lechfelds bey Augsb. vor nichts dar-
gegē zu achten. Diß Land Bulgaria od' Volga-
ria, hat den Namen von den Völkern/ welche / von der Wolga oder Rha in Rußland/
A. 566 über das Gebirg herüberkamen/u.
den Römern diß Land abgenommen.　Von

Sophia/giengè der Weg 1 Tagr. zum D.
Walthare u. auf Tehlemondz wiederūm eine
Tagr. zum D. Geleterben und der St. Ca-
tarba, ſo andere Tatarbaſar nennen; u. dann
eine halbe Tag. nach der St. Philippopolis,
welche vorzeiten die Hauptſtadt in Maco-
donien/ auch K. Philippi u. ſeines Sohns
Alexandri Sitſtadt geweſen. (ſie heutzutag
vbm Fluß/an dem ſie ligt(der vorzeiten He-
brus geheiſſen/)Mariza genannt wird/und
A. 1360 von den Türken erobert worden.
Von hinnen führte ſie der Weg 1 Tagr.
zum D. Papaſoli und nach Gagali, ferner 1
Tagr. nach St. Ulumſchefe u. Harmanti,
dan wiederūm 1. Tagr. über D. Schambria
nach ADRIANOPEL, die Hauptſtadt in
THRACIE, (iſt der ROMANEY) welche A. 1360 Amurat der zweyte
Türkiſche Groß Sultan / erobert/ auch
ſeinen und ſeiner KronErben Hofſitz daſelbſt angerichtet/von dannen er/faſt über
100 Jahre hernach/in Conſtantinopel ge-
wandert. Sie wird/ von den Türken/ Dre-
nate und Endrene genennet. Von hinnen
trüge ſie der Weg 1 Tagr. auf Hablen oder
Hapſala, vormals Cypſela genannt; weiter
1 Tagr. nach Parkas oder Burgos; abermahl
1 Tagr.

1 Tagr. nach Oschürli oder Tzuruly, welche beyde Oerter an dem grössern und kleinern Melas ligen; wiederüm von hier/ 1 Tagl. durch das D. Canecle, zur St. Silifrea, vor dessen Selymbria genannt/ so am See Propontis (sonsten das weisse Meer u. Mar de Marmora genannt/) der erste Ort ist; weiter 1 Tagr. nach Bezethmeschek und Güeaugmeschek, von den Wälschen Seefahrern Ponte grande und Ponto piccolo benahmet; von dannen sie noch eine Tagreis über St. Zuzuk, endlich nach CONSTANTINOPEL geführet.

Diese Keyserl. uralte Haupt- und Sitzstadt/ die an Lustgegend dem Thessalischen Ort Tempe nit weichet/ ligt in einer dreyeckichten Halb-Insel/ wel che das Meer Propontis und der Thracische Bosphorus machen: also ist sie an zweyen Seiten vom Meer / auf der dritten Seiten aber mit zweyfachen Mauren/ Pasteyen und Gräben verwahret. Sie wird von den Türken Stambolda oder Stambol genennet; u. ligt gegenüber/ die Stadt Pera oder Galata. Sie wird/ an Grösse/ der St. Paris in Frankreich verglichen. Das Hauptstück von dieser Stadt/ ware vordessen der Tempel S.

Sophien/ so samt seiner Zugehör eine halbe Meil begriffen/ 100 Pforten u. jährlich über 300000 Ducaten Einkommens gehabt/ auch noch/ da er doch meinst von den Türcken verwüstet/ so herrlich aussihet/ daß ihr nichts in der Welt zu vergleichen. Er ist in die Runde gebauet / und ruhet auf drey Reyhen Seulen von Jaspis / auch rohtu. weissem Marmor. Die Türcken haben eine Moschea daraus gemacht / derer sonsten noch über 300 in dieser Stadt zu finden. An der äusersten Spitzen in die See hinein/ ligt des Groß Sultans Palast / Seraglio genannt/ so mit seiner Zugehör eine halbe Meil im Umkreiß hat: mitten in der Stadt/ das alte Seraglio, vom Frauenzimmer des Sultans bewohnet; u. zu Ende der Stadt/ gegen Scutari über/ das Castell zu den siben Thürnen/ von den Türken Jadicula genañt/ alwo des Sultans Schatz von 500 Janitscharen verwacht u. verwahret wird. Sonsten sind noch etliche Antiquiteten daselbst zu sehen/ als der Hippodromᵒ oder Schauplatz/ Constantini Magni Palast u. Begräbnis/ eine Historien-Seule wie des A- driani zu Rom/ die Serpentina oß Schlang-seule/ u. andere Marmelseulen/ der hangende Cypressen-Garten. Die

Diese Stadt ward / 96 Jahre nach Rom / und 656 vor Christi Geburt / von Byzan einem Megarenser erbauet / nachmals von *Pausania*, als sie K. Darius zerstöret / wird aus den Steinhaufen erhoben. Als sie Römisch worden / u. dem K. *Pescenio Nigro* angehangen / ward sie / nach dessen Tod / von M. *Severo* 3 Jahr lang härtiglich belägert. Die Inwohner wehrten sich wunder-tapfer / schnitten seinen Schiffen / durch *Urinatores* oder Täuchere / die Anker ab / fasseten sie unterm Wasser mit Seilen / u. zogen sie mit Volk und allem zu sich / da es schiene / als ob sie von sich selber der Stadt zuführen. Als es ihnen an Seilen mangelte / schnitten sie ihren Weibern die Haare ab / u. gebrauchte sich hierzu derselben. Im Sturm / warfen sie / unter andren / auch mit Stücken von Marmor- u. Messnen Seulen u. Bildern unter die Feinde. Sie frassen auch einander selber / als sie keine Lebensmittel mehr hatten. Als sie A. 197 sich ergeben musten / ward alle wehrhafte Mannschaft nidergemacht / u. die Stadt geschleiffet: doch hat / der Uberwinder selber / sie theils wieder erbauet. Nachmals erweiterte sie K. *Constantinus Magnus*, von A. 335. zierte sie mit gedach-

ten Hippodromo und vielen Seulen / die
er von Rom und andersywoher bringen lies=
se. Er wolte auch / man solte sie Neu=Rom
nennen: aber die Inwohner nennten sie
nach ihme und ihm zu Ehren / Constantia
nupolin, oder die Constantinus=Stadt. Von
ihren Reichs Nachfolgern / welche an die=
sem Ort das Griechische Keyserthum an=
richteten / ward sie nachgehends immer
und in heutige Grösse / da sie nun auf sieben
Hügeln lieget / erweitert.

Sie hat iederzeit viel Schaden von Erd=
beben und Feuersbrunst erlitten: insonder=
heit A. 480 / da eine Bibliothek von 120000
Büchern / und eine Drachenhaut von 120
Schuhen / worauf mit güldenen Buch=
staben der gantze *Homerus* geschrieben wa=
re / verbrennen. Sie ward A. 626 von Ca=
chan, dem König der Hunnen / A. 678 u.
718 von den Saracenen / A. 936 von den
Reussen mit 15000 Schiffen / A. 1392
vom Groß Türken Bajazet / und A. 1424
von *Amurate*, vergebens belägert: Aber
endlich A. 1453 den 29 May / von Mahu=
met II, nach 50 tägiger Belägerung ero=
bert / u. damit das Griechische Reich aufge=
hoben: dessen sie über 1000 Jahre ein Sitz
gewe=

gewesen. Weil die Türken nit bauen mögen/
und die Griechen nit dörfen/ so ligt dieses
nunmehrige Nest der Barbarn meist öde/
und sihet die Gegend zwar schön/aber darbey
traurig aus/gleichsam die Christen/sie von
diesem Joch zu erlösen/anseufzend. Wann
wir die Laster von uns thäten/durch welche
die Christen aus dieser Stadt gejaget wor-
den/hätten wir vielleicht Hoffnung/dieselbe
wieder zu erlangen. Aber es ist verhoffet/u.
muß Christus selber kommen/die en Wider Christ von seinem Erdboden in die Höl-
le zu verbannen.   Gleichwohl/ wann es
möglich wäre / sihet sich der Donau.
Strand nach der Christenheit um / und
möchte gern/ sich und so viel 1000 Christen Seelen/ von der Türkischen Ty-
ranney/ durch die Europäische
Christ-helden/erlöset
sehen.

Kurtz-

Kurz-verfaßte
Hungar-und Türkische Chronik.

WEiln/wie oben erwähnt/der Donau Strand zwey Drittheil seines Laufs durch Hungarn/ so weit es sich vorzeiten erstreckte; verrichtet auch nunmehr mehr als ein Drittheil desselben unter dem Türkischen Wüterey-Joch seufftzet: Als wird hiemit / zu Vergnügung des wehrten Lesers/ eine kurz-verfaßte/ doch ausführliche Hungarische Chronik, mit Einruckung der Türkischen Geschichten, diesem Werklein beygefügt. Und weil/eine Beschreibung dieses Königreichs/allbereit droben zu lesen gegeben worden : so wollen wir dißorts/ mit dem Hunnischen König Attila einen Anfang machen. Vorhero aber ist zu wissen/daß die Hungarn itzund von den Türken leiden/was ihre ungläubige Heidnische Vorfahren über 600 Jahre lang den Christen angethan : Wie sie dann auch aus eben dem Winkel der Welt/ welcher hernach die Türken ausgesendet / nämlich aus dem Asiatischen Scythien hinter dem Caspischen Meer/ hervorgekrochen.

Erſtlich ſetzten ſie ſich/ an den Fluß Tana-
is/ und an den See Mæotis.   Von dannen hat ſie A.373/ ein gejagter Hirſch/ über
den gefrohrnen Cimmeriſchen *Bosphorum*,
in Europa herüber geführet.   Sie. ka-
mē/ über 1060000 ſtark/ unter 6 Hauptleu-
ten ; und nachdem ſie die Gothen vertrie-
ben/ ruckten ſie an der Teiſſe herab/ bis an
die Donau.   *Macrinus* und *Tetricus*,
die Keyſerlichen Landvögte/ lagerten ſich
A. 441 gegen ihnen bey der Stadt Po-
tentiana/ (itzt Pentela/) und waren ſicher/
weil ſie die Donau ſcheidete.   Aber die
Hunnen ſchwummen auf Blaſen hinü-
ber/ und überfielen das Lager : ſie wurden aber wieder herüber geſchlagen.   Damals ſollen der Chriſten 210000 / und der
Hunnen 125000 / geblieben ſeyn.   Die
letzte Schlacht geſchahe in Ober-Hun-
garn/ bey Keyſermark oder Keesmark : da
die Römer den Laugengaß bekamen/ Macrinus tod bliebe/ und Tetricus die Flucht
nahme.   Doch haben die Hunnen/ in dieſem Treffen/ 40000 Mann verlohren.

GOtt ware dazumal den Chriſten
ſeinen böſen/ mutwilligen und unbänd-

gen Kindern/eine Stäupe schuldig : dar-
um grieffe er zu dieser Rute / und zu der
blutigen Geisel / dem grausamen ATTI-
LA , welchen die Hunnen üm diese Zeit
zum König erwehlten. Dieser zoge an
sich/die meiste (damals noch-heidnische)
Teutsche Völker / samlete ein Heer von
1000000 Mann/und überschwemmete damit erstlich die Länder rechtseits der Donau hinunter. Keyser Theodosius II
muste A. 443 ihn mit 6000 Pfund Golds
aus dem Land kaufen / und 2000 Pfund
jährlichen Tribut versprechen. Dazumal wurden/bey 120000 Christen/in Hun-
nische Dienstbarkeit geführet. Nach der
Wiederheimkehr/ermordete er seinen Bruder Buda : aus Argwahn /als stünde er ihm
nach Kron und Leben. A. 450 sammlete
der Keyserl. Feldherr Aëtius , mit Hülf
Dietrichs und Alarwigs / der West-Go-
thischen und fränkischen Könige /ein grö-
sses Heer / diesem Wüterich einhalt zu
thun. Attila zoge mit 700000 Mann/
durch Teutschland/in Gallien : da er / wie
allemahl und überall/ unmenschlich hause-
te, Haab und Gut raubete/die Städte ein-
äscher-

äscherte / und die Inwohner jämmerlich
niedermachte oder in Dienstbarkeit
schleppte. Unterwegs traffe er einen Ein-
sidel an / welcher ihn eine Geisel-Gottes
nennte. Dieser Name gefiel ihm so wohl /
daß er ihn seinem Titel zugesetzet / welcher
also lautete:

Attila, filius Bendecuci, nepos magni
Nimrod, nutritus in Engaddi: Dei gratiâ
Rex Hunnorú, Medorú, Gothorú, Da-
corum; Metus orbis, *Flagellum DEI.*

A. 451 kamen die beyde schreckliche
Heere / in der Beyde bey Châlons, zusammen / und geschahe eine grausame unerhör-
te Schlacht: da beyderseits über 180000
Mann auf dem Platz blieben / u. ein Bach
daselbst vom Blut so starck anliefe / daß er
die Leichen forttzuge. B. Dietrich ward
erschlagen / aber Attila geschlagen: welcher in seine Wagenburg sich einschlosse /
und am Leben verzweifelte. Aber die
Christen verfolgten ihren Sieg nicht / sondern nahmen die Heimkehr. Also ward
Attila noch trotziger / und durchwütete
das Land Gallien / wie er angefangen.
Als er nach *Treyes* kame / gieng ihm der
                                    Bischo

Bischof *Lupus* entgegen / und fragte :
Wer bistdu / der du also die Erde
des HErrn verwüstest? Attila ant=
wortete : Jch bin Attila/der Hunnen
König/eine Geisel GOttes. Ob die=
ser Antwort erstutzte der Bischof und
sagte : Ey so sey mir willkommen/
die Geisel meines GOttes. Darauf
hat er ihn mitten durch die Stadt gefüh=
ret : deren der Tyrann / durch Göttliche
Regung/verschonen müssen.

Nach diesem/ als er nach Haus wie=
dergekehrt/ und etwas ausgeruhet / zog
er A. 455 wiederüm zu Feld / gegen Jta=
ien : welches samt Dalmatien/ Liburni=
n/Jstrien/und Friaul/von dieser Zornflut
überschwemmet wurde. Salona und A=
quilegia, die zwo herrliche Städte/wur=
en geschleiffet : und muste / zu Erobe=
ung der letztern / ein Storch / der seine
Jungen aus der Stadt getragen / dem
Abzugfärtigen Feind Muht und Anlaß
eben. Von Rom hielte ihn Papst *Leo*
b/welcher ihm entgegen kame/und soviel
gte/daß er auch Jtalien raumte / aber

deſſen Mark mit ſich hinwegführte. Weil
er vordeſſen vom Biſchof *Lupo*, und itzt
vom P. *Leo*, (welche beyde Namen/einen
Wolf und Löwen benennen./) ſich be=
gütigen laſſen/ſagten die ſeinen von ihm:
Attila/ dem kein Menſch obſiegen
könne/ laſſe ſich von Thieren über=
winden.

Endlich A. 465 / als er daheim ſich
den Wollüſten ergabe / unter andern eine
junge Königs=Tochter ihm beylegte und
wohlbeſoffen zu Bette gieng: erſtickte er
in ſeinem eigenen Blut / der ſo vieler tau=
ſend Menſchen Blut vergoſſen. Alſo
ward dieſe Rute/nachdem GOtt die Sei=
nen damit genug gezüchtigt/ ins Hölli=
ſche Feuer geworfen. Nach ſeinem Tod/
zerronne alles wieder / wie es gewönnen
wäre/ und wurden ſeine Söhne in ihr al=
tes Heimat verjagt. Die Hunnen blie=
ben zwar theils im Lande: aber als Sla=
ven der OſtGothen/Longobarder/Fran=
ken/Bayrn und Griechen.

A. 567 ſtengen ſie/ unter dem Fürſten
Cachano, wiederum an / zu mauſen: ſie
wurden

wurden aber/vom Fränkischen König Si-
gibert/geschlagen und verjaget. Wiewohl sie/ folgenden Jahrs/mit vielen Zau-
berern und Teufelsbannern wieder kamen/
und grossen Schaden thäten : Hat doch
gedachter König / nach verrichtetem Ge-
bet/ diese Halb-Teufel zum Land der Christen hinaus gejaget.

Cachanus II belägerte/ üm das Jahr
Christi 600/die Stadt Friaul. Rombild/
Herz. Gisolfs Wittib entbrannte in Lie-
be gegen ihn/als sie ihn/vom Schloß her-
ab/jung/schön und rüstig ersehen. Denn
nach/als er ihrem Boten versprochen / sie
zu ehelichen/übergab sie ihm die Stadt;
die er alsobald ausgeplündert/ausgewür-
get und geschleiffet. Rombild / ward
von ihm eine Nacht beschlaffen : darnach/
als ihr/12 starke Hunnen/den Kitzel wohl
gesättigt/liesse er ihr durch die Natur einen Pfal ziehen / an welchem sie also im
freyen Feld verzappeln muste. Viel löb-
licher verhielten sich/ ihre beyde Töchter :
welche/ihre Ehre zu bewahren / stinkend
Fleisch zwischen die Brüste gelegt/und also mit dem Gestank die Barbaren von

F iiij   sich

dem die eine / Appa, eines Königs / die andre / Gela, eines Herzogen / Gemahlin worden.

Um diese Zeit / A. 570 den 5 May ward das Teufelskind und der Lügen-Prophet MAHUMED, zu Jetrip im Reichen Arabien / gebohren / der nachmals A. 622 mit seiner LästerLehre öffentlich hervorgetretten. Eine neue Gottesgeissel! deren Streiche das Königreich Hungarn / nun über 260 Jahre her / härtiglich gefühlet.

Die Hunnen in Pannonien / so nun die Avaren hiessen / waren / nach Cachani Tod / den Bayrn und Griechen wieder untertthänig worden. Solche Dienstbarkeit abzuwenden / kamen A. 744, auf ihr Beruffen / 216000 Hunnen vom neuen aus dem Asiatischen Scythien herüber / unter 7 Häuptleuten. Weil diese sich erstlich in Dacia niderliessen / und ieder Hausse ihm eine Burg zum Sitz erwehlte: als ward das Land / von der Zeit an Siebenbürgen genennet. Bald darauf schlus schlugen sie selbseits den Polnischen Fürsten Suantapolug / eroberten das Land an beyden Ufern/und vereinigten sich mit den Avaren in eine Nation und Namen/ da dann / aus Hunn-Avarn, endlich das Wort Hungarn worden. Sie theilten das Land in 9 Kreisse: in derer iedem/ein Platz von 2 Bungarischen Meilen / mit einem Wall und Bag 20 Schuch breit und hoch eingefangen / ihre Vestung gewesen.

Weil sie / gleich den Türken heutzutag/nicht vom Ackerbau/Kaufmanschaft/ Hand-Arbeit und Künsten/sondern vom Raub zu leben / gewohnet waren : als fiengen sie alsobald an / aus den benachbarten Ländern Beute zu holen. Um deß willen / legte sich A. 792 Carolus Magnus mit ihnen in Krieg / welcher 8 Jahre gewähret. Er nahme ihnen das ganze Ober-Pannonien ab / so von der Zeit an Oesterreich heisset; ließ folgende Kirchen an der Gränze bauen / und die Hungarn in Christentum unterrichten. Im letzten Jahr/als sie vorher/ Gr. Gerolden aus Schwaben und Herz. Ceins

F v   richen

richen in Kärnten/erschlagen hatten/wur-
den sie von Pipino/K. Carls Sohn/ hart
gezüchtigt : der alle Oerter zu beyden
Seiten der Donau/biß an Mösten / eroberte und besetzte.

Unter Keys. Ludwigen I, empöreten
sie sich zwar/und siegten zweymal : wurden aber wieder gedemütigt/ daß sie sich
in 70 Jahren nicht mehr regen dorften.
Beyser Arnolf öffnete ihnen A. 892 die
Thür wiederum/ aus begierde / den auf-
rührenden Mährischen Fürsten Suatopolug durch sie abzustraffen. A. 901 / als
der junge Herr Keys. Ludwig III regir-
te/oder vielmehr regirt wurde / hauseten
sie erbärmlich in Mähren/ Bayrn / Oesterreich / Franken und Sachsen : sogar/
daß sie das Blut der Erschlagenen einander zutrunken / auf den Leichen Malzeit
hielten/auch die Herzen also roh/ in Mei-
nung/beherzter davon zu werden/heraus
rissen und fraßen. K. Ludwig/und nach
ihm Keys. Conrad I, musten ihnen/wolten
sie anderst ihrer aus dem Reich los werden/
einen jährlichen Tribut versprechen. Es
muste auch Italien / ihnen den Frieden
theur genug abkaufen.

A. 919

A. 919 tratte Keyf. Heinrich I, ein
kluger und dapferer Herr/ das Reich an:
welcher/ indem er feine Wahl / von des
Reichs Gefandten/ auf feinem Lockheerd
zu Braunsweig angehöret/ und derent-
wegen *Auceps,* der Vogelfteller/ heif-
fen müffen / ein Vorzeichen gabe / daß
er diefe Raubvögel fangen und tödten
würde. Als fie A. 923 bis an den Rhein-
from kamen/und er/fie anzugreiffen/ nit
Volks genug hatte/ fienge er ihnen ihren
Obriften ab: den er nit eher ledig gabe/
als bis fie einen Stillftand auf neun Jahre
verwilligten. Als fie/nach verfloffenem
Anftand/A. 932 ihr altes Lied wieder an-
ftimmten und Tribut begehrten: lieffe der
Keyfer einem alten Schäbichten/ und
die Haare abfcheeren / auch Ohren und
Gemächte ab-und ausfchneiden/ ftellete
ihn den Gefandten vor / und fagte:
Sie folten ihren Fürften diefen Tribut bringen; wolten fie einen bäffern
haben/fo möchten fie komen und ihn
felber holen. Diefer Schimpf erzür-
nete fie/daß fie mit 300000 Mann in Sach-
fen

sen kamen.   Ihrer wurden aber / erstlich
bey Sondershausen 50000 / hernach von
K. Heinrichen / welcher ihnen mit 70000
Mann unter Augen zoge / bey Merseburg
und im Nachhieb 150000 erschlagen / und
50000 gefangen: der wenigste Theil / ist
durch Böheim nach Haus entrunnen. K.
Heinrich liesse etliche 100 von den Gefan-
genen / an Händen / Nasen und Ohren ge-
stümmelt / an die Hungarische Gränze
liefern / mit Befehl / ihren Landsleuten zu
sagen: Diß sey der Teutschen ihr
Tribut; wer Lust hätte / möchte
kommen / und gleiche Ausbeute holen.   Aber sie vergassen der Widerkunft /
solang K. Heinrich gelebet.

Unter Keys. Otten I, begunten sie
zwar wiederum in Teutschland einzufal-
len.   Aber sie holten / A. 937 / 944 und /
648 / vier so harte Niederlagen / daß sie a-
bermals den Lust wiederzukehren verlohren.   Aus Italien muste man sie A. 950
mit 10 Metzen Gulden hinwegkaufen /
worzu auch die Kinder in der Wiegen bey-
gesteuret.   A. 955 thäten sie den letzten
Zug

Zug/ als Heiden/ wider die Christen / da
ein Heer von etlich 100000. Mann durch
ganz Teutschland bis in Lothringen wü-
tete/und sich rühmte: Sie könden un-
möglich überwunden werden / es
sey dann / daß die Erde unter ihnen
zerrisse/oder der Himmel auf sie fiele.
Aber/ als sie in der Wiederkehr sich vor
Augsburg lagerten/überfiele sie K. Otto/
den 10 Aug. am Tag Laurentii/mit 50000
Mann: da sie alte/theils erschlagen/theils
in Dörfern (dahin sie geflohen/) ver-
brennt/theils im Lech ertränkt/theils gefangen worden. Die Hung. Fürsten Ver-
bulch, Leel, und noch 3 andere / wurden
nach Regensburg geschickt/ und daselbst
aufgehenkt; Die andre Gefangene aber/
in eine Grube zusammen geworfen/ und
lebendig bescharret. Also ists ihnen
wahr worden/daß/ zwar nicht der Himmel / iedoch die Rache des Himmels auf
sie gefallen/und sie die Erde verschlungen.
Als man die Fürsten gefragt/ warum sie
also wider die Christen tobeten? gaben
sie

ste diese Antwort : Wir sind die Rache GOttes / und von ihme euch zu peitschen verordnet.

Nach diesem/regirte GOtt das Hertz Geyse, eines ihrer Fürsten/daß er / durch S. Adelberten/das Christentum in Hungarn pflanzte/ und die Hungarn von der Rauberey und Wut ab = zur Sanftmut/ zum Ackerbau / zur Handtirung und Kaufmanschaft/anmahnete.

1. STEPHANUS, dieses Geyse Sohn/ unterdruckte seinen Vettern *Cupa*, der die Hungarn beym Heidentum schützen wollen; und schriebe öffentlich aus / daß alle/ die zum Christenthum träten / solten vor Edler als die andern gehalten werden. A. 1000 ward er von den Ständen zum König erwehlt / und von Papst Sylvester II ihm die Königliche Kron gesendet : welche noch vorhanden/und von den Hungarn vor Heilig gehalten wird. A. 1002 überwand er den Sibenbürg. Fürsten *Gyula*, seiner Mutter Brudern / als einen Heidnischen Christverfolger / und brachte Siebenbürgen an Hungarn. A.

1106 ward ihme *Gisela* Keyf. Heinrichs II
Schwester vermählt: mit deren er *Eme-*
ricum gezeuget/ der aber A. 1031 vor dem
Vatter gestorben. Er starb den 15 Aug.
A. 1038. und ward zu Stulweissenburg
in seiner StiftsKirche begraben. Er
war A. 969 gebohren / und hat 41 Jahre
regirt.

2. PETRUS, ein Teutscher / seiner
Schwester GeislaSohn/weil er alle Aem-
ter und Oerter mit Teutschen besetzte/
auch samt ihnen viel Unzucht triebe/ward
A. 1042 ab: doch A. 1044 von K. Heinrichen III. wieder eingesetzt. Weil er a-
ber sich nit bässerte/ ward er A. 1047 ge-
blendet: davon er starbe / und zu Fünfkirchen begraben worden.

3. ABA , K. Stephani Schwester-
Mann/ ward an stat K. Petri erwehlet:
aber / weil er der Bosheit seines Vorfah-
rers nachahmete / durch K. Heinrichen
vertrieben/ und von den Hungarn in der
Flucht erwürget.

4. ANDREAS K. Stefani Vetter/
als die Hungarn / durch voriger beyder
Köni-

Könige wüstes Leben geärgert / zum Heidentum ümkehrten / bestättigte im Reich das Christentum. K. Heinrich III, der A. 1053 K. Petri Tod zu rächen kame/ bracht er / durch Abschneidung der Lebens-Mittel / in solche Noth / daß er üm Brod / frieden und sichere Abreise bitten müssen. Von seinem Bruder Bela A. 1059 geschlagen und verjagt / fiele er sich zu todt / und ward zu Tyhan am Baltsee begraben / nachdem er 12 Jahre regirt hatte.

5. BELA, K. Andreæ Bruder / dämpfte die aufrührische Bauern / so zum Heidentum ümtretten wolten ; Gabe dem Land Gesetze und Ordnung / und beförderte den Feldbau samt der Kaufmannschaft : wodurch er das Reich bereichert und befriedigt. Nach dreyjähriger Regirung / fiele der Königliche Thron / von welchem er seinen Bruder verstossen / über ihn zu haufen : Wovon er gequätschet / A. 1063 gestorben / und in seinem Kl. Zewkzard begraben worden.

6. SALOMON, K. Andreæ Sohn/ ward erstlich A. 1059 Zu des Vatters Lebzeiten

zeiten/darnach A. 1063. als ihn K. Hein
rich IV ins Reich eingeführet/und endlich
von seinem Vettern Geisa / als er sich mit
ihm vertruge/ und also dreymal/gekrönt.
Er züchtigte die Chunen/und eroberte von
den Bulgaren die Stad Griechisch=
Weissenburg. A. 1075 ward er von
Geysa und Ladislao bey Waizen geschla=
gen und verjagt/nachdem er 12 Jahre re=
girt. Als er A. 983 von K. Ladislao ei=
ner zweyjährigen Gefängnis erlassen/
nachmals von ihme und den Griechen ge=
schlagen worden : vergienge er sich in ei=
ne Wildnis/da er Buß gewürket und ge=
storben. Sophia/K. Heinrichs III Toch=
ter/ist seine Gemahlinn / und Marcolphus,
sein Hofnarr/ gewesen.

7. GEYSA, K. Belæ Sohn/A. 1075
gekrönt/ jagte gleichfalls K. Heinrichen
IV, durch Hunger aus Hungarn / regirte
nur 2 Jahre/starb A. 1077 / und ward zu
Waizen in seinem Stift begraben.

8. LADISLAUS, K. Geysæ Bru=
der / verjagte den unruhigen K. Salo=
mon/und regirte 19 Jahre lang gar löb=
lich

lich.   Als ſein Schwager K. Zolomir in
Dalmatia und Croatia, Kinderlos geſtor-
ben/kamen/durch Vermächtnis der Wittib ſeiner Schweſter/dieſe beyde Königreiche an Hungarn.   Er ſchluge die Chunen dreymal / hernach auch die Reuſſen
und Polen.   Er ſtarb A. 1095/als er izt einen Ritterzug in das Heilige Land zu
thun entſchloſſen ware ; und ward in ſeiner Stifts Kirche zu Wardein begraben.   Er/und K. Stefanus/ſind/wegen
ihrer Chriſt-fürſtlichen Tugenden/in der
Heiltgen Zahl verſetzt worden.

    9. COLOMANNUS , K. Geyſe
Sohn/ware ein laſterhafter Menſch/auch
hierzu von der Natur mit allerhand Unge-
ſtalt bezeichnet.   Als er A. 1107 die Reuſſen überzoge/und die Fürſtinn *Lanca* ihn
fusfällig üm Frieden bate / hat er ſie mit
Füſſen von ſich geſtoſſen / und geſagt:
Ein König/muß ſich nicht durch
Weiberthrenen laſſen weich machen.
Er ward aber von ihr/mit Hülf der Chu-
nen/bis aufs Haupt geſchlagen.   Seinem Bruder *Almo* und deſſen Sohn
Belz

Belæ/liesse er die Augen ausstechen. Aber
im folgenden 1114 Jahr traffe ihn Gottes
Rache/daß ihm das Gehirne zu den Ohren heraus geschworen: wovon er den
3 Febr. gestorben/und zu StulWeissenburg begraben worden/seiner Regirung
im 26 Jahr.

10. STEPHANUS II, K. Colomanns Sohn / ward von den Griechen
hart geschlagen / als er Thracien verhee-
ret. Ware ein Venushengst und Wüte-
rich/und starb an der rohten Ruhr A. 1131.
zu Agria / ward nach Waradein begraben.

11. BELA II, Der Blinde/ K.
Colomanns Bruders Sohn / regirte gar
löblich/von dem allsehenden Auge Gottes
mit innerlichen Vorsicht-Augen begabet;
wie er dann zu sagen pflegte: Der HErr
machet die Blinden sehend. Er erlegte den Borich, K. Colomanns verstoss-
ner Gemahlinn unehlichen Sohn. Zu-
letzt stürzte ihn die Weinsucht in die Was-
sersucht/davon er A. 1141 den 13 Febr. ge-
storben/

storben / nachdem er 10 Jahre regirt/
und zu Stulweissenburg begraben
worden.

12. GEYSA II, K. Belæ *II* Sohn/
schluge A. 1147 das Heer der Teutschen
aus Hungarn/ regirte im übrigen fried-
lich bis in das 21 Jahr/ und starb A. 1161
den 31 May / ward zu Stulweissenb.
begraben.

13. STEPHANUS *III*, K. Geisæ
II Sohn/kriegte mit Venedig üm Dalmatien. Wider ihn erhuben sich / seines
Vatters beyde Brüder Ladislaus und
Stephanus/deren einer nach dem andren
sich krönen lassen. Der erste starb/und
den andern schluge er A. 1179 den 19 Jun.
da beyderseits der bäste Hungarische A-
del darauf gangen. Er starbe wenig
Wochen hernach/nach fast zwölfjähriger
Regirung / und ward zu Gran begraben. Ein glückseeliger Herr / wann es
nicht auch andere hätten seyn wollen.

14. LADISLAUS *II*, K. Belæ *II*
Sohn/regirte A.1172/nur 6 Monat lang:
gleichwie auch

15. STE-

15. STEPHANUS *IV* sein Bruder/welcher A. 1179/nach sünfmonatlicher Regirung/zu Semlin gestorben/ und zu Stulweissenb. begraben worden.

16. BELA *III*, K. Stefani III Bruder/ hat die noch heut-übliche Jung-Gerichts-ordnung eingeführt. Er kriegte wider Venedig/ und brachte A. 1174 Halicien und Lodomerien an Hungarn. Er starb A. 1190 den 1 May/seiner Regirung im 18 Jahr/zu Stulweissenburg/alda er auch begraben worden.

17. EMERICUS, K. Bela III Sohn/ ward A. 1196/von seinem Bruder Andrea/ üm die Kron bekrieget. Als nun beyde Heere gegeneinander in Schlachtord-nung stunden/ legte er seine Waffen ab/ setzte die Kron auf/kleidete sich in König-lichen Habit/gienge in das feindliche La-ger/und thät eine so bewegliche Rede zum Kriegsvolk / daß sie die Waffen hinwar-fen und kniefällig üm Gnade baten. Also ward verhütet/ daß nicht ein Burger des andren Blut vergossen/und Andreas mu-ste Ruhe haben. Unter dieser Un-ruh/

ruh / ward Jadera / die Hauptstadt
in Dalmatien / von den Venedigern
erobert. K. Emerich / der sonst ein stilles
friedliches Regiment geführet / starb A.
1200 den 30 Nov. seiner Regirung im 10
Jahr / und ward zu Erla begraben.

18. LADISLAUS III / K. Eme-
richs Sohn / regirte nur 6. Monden / konte
also nichts schreibwürdiges verrichten;
starb A 1201 den 7 May / dessen Gebeine zu
Stulweissenburg ruhen.

19. ANDREAS II, K. Emerichs
Bruder / regirte zwar löblich. Aber da er /
was die Venediger entzogen / hätte wieder
zum Reich bringen sollen / zoge er A. 1217
in Palästina / und wolte andre Länder vor
andre erobern : muste aber / vom Fluß
Nilo überschwemmt / Damiata wieder
abtretten / üm Frieden bitten / und also ohn
Verrichtung wieder heimkehren. Inzwischen hatte Petrus Bancban / sein
Statthalter / die Königinn Gertraut / weil
von ihr sein Weib an ihren Bruder Otten
einen Teutschen Fürsten (der sie damals
besucht /) ware verkuppelt worden / ermordet ; welches ihm der König verzie-
hen

ben. Nachdem er einige Reichsgesetz/
worauf/neben den Ständen / auch ieder
Hungarischer König schweren muß/ver=
fasset/ starb er A. 1235 / seines Reichs im
34/und ward nach Egers in das von
ihm gestiftete und erbauete Kloster be=
graben.

20. BELA IV, K. Andreæ Sohn/
nahme A. 1237 die von den Tartarn ver=
triebene Chunen in Hungarn auf. A. 1241
ward er von den Tartarn überzogen / un=
ter Agria geschlagen / und aus Hungarn
verjagt. Diese nahmen das ganze Reich
ein/auser den Vestungen Gran/Stulweiß=
senburg und S. Martinsberg. Als sie
solches 3 Jahre lang / wie die Heuschre=
cken/ ausgezehret / zogen sie wieder ihres
Wegs/das Land als eine Wüsteney ver=
laffend. Hierauf A. 1246 kame K. Bela
aus Dalmatien/erlegte und erschluge un=
terwegs Herz. Friedrichen von Oester=
reich/der ihme vormals in der Flucht seine
Schätze abgenommen / kame in Hun=
garn / und begunte das Land aus den
Steinhauffen wieder aufzurichten. Er
starb A. 1275 den 7 May / nachdem er
in

in das 40 Jahr König gewesen/und ward
zu Gran begraben.

21. STEPHANUS V, B. Bela IV
Sohn/machte ihm die Bulgarey unterthä-
nig B. Ottocarn in Böheim / der ihn vor-
deffen/ eh er König worden /A. 1260 den 3
Jul. im Marchfeld geschlagen/machte er
an der Reab soviel Volks zuschanden/daß
er nach Haus fliehen müssen. Er starb
A. 1278 / seiner Regierung im 3 Jahr/und
ward in der Insel bey Ofen in sein
Stift begraben.

22. LADISLAUS IV, B. Stefan IV
Sohn/half in diesem Jahr Keys. Rudolf
B. Ottocarn schlagen und erschlagen
Anfangs/ hatte er löblich regirt. Aber
nachmals liesse er / durch seine Chunisch
oder Cumantsche Schleppsäcke / die ihn
gleichsam verzaubert hatten/ sich in all
Laster verleiten : Dannenhero er auc
Kvvn Laczlo oder Ladislaus Chunus g
nennt worden. Diese Bosheit de
Haupts / straffte GOTT an den Gli
dern : indem A. 1285 die Tartarn wie
derkamen / und das Land so verheerte
daß aus Armut/ das gemeine Volk /

Kai

ſtat der Pferde und Ochſen / den Pflug
ziehen / und die Edelleute darhinder her
gehen muſten. Endlich ward er von den
Chunen / mit derer Töchtern er geſün-
digt / A.1291 im Julio beym Schloß
Kereſze erſchlagen / und zu Chonad
begraben.

23. ANDREAS III, ward genannt
der Venediger/weil ihn ſein Vatter Ste-
fanus/K. Andreæ II Sohn / mit Thoma-
ina Maurocena, eines Patritien Tochter
zu Venedig erzeuget. Er hatte fr. Ag-
nes, Beyſ. Alberti Tochter / zur Gemah-
inn. Weil ihm aber die Landſtände
bhold wurden / und allerley Auf-
uhr wider ihn erweckten / ſtarb er A.
301 den 30 Aug. im 10 Jahr ſeines Reichs/
or Kümmernis/ und ward zu Ofen bey
S. Johannis begraben. Dieſer war der
Letzte/von K. Stefani männlichen Reichs-
Erben/und endete ſich dieſe Königliche
Familie eben mit dem 13 Seculo od Chriſt-
Jar Hundert/gleichwie ſolche A. 1000 mit
em 2 angefangen/und alſo eben 300 Jahr-
e gewähret.

G   Gleich

Gleichwie auch die beyde Beyserlich Familien/ die Habsburg-Oesterreichisch im Römisch-Teutschen/ und die Türkisch-Ottomanische im Griechischen Reich/ mit dem 14 *Seculo* angefangen ; also haben beyde sich auch zugleich in diesem Jahrhundert üm das Königreich Hungarn angenommen : wie itzt / nach der Ordnung soll beschrieben werden.

Es sind aber die Türken/ wie droben erwähnt/ gleich den Hungarn / aus den Asiatischen Scythien / und erstlich A. 1000 hinter dem Caspischen Meer hervor in Perßen kommen/ daraus sie die Saracenen verdrenget. Von dannen haben sie nach und nach / in Klein-Asien/ Syrien und Egypten / fort: und selbige Länder den Saracenen abgedrungen : Wie dann ihre Suldanen/ Sanguinus/ Noradinus Siraconus und Saladinus/ denen Christenzügen im 12 Seculo viel Widerstand gethan.

1. *OSMAN* oder Othomannus, Gheniexlis eines Parthischen Bären Sohn bekame / A. 1302 nach des letzten Sul

dens zu Jconien Tode / das Land Bithyniä zu regiren. Er ist der Stammvater / der heutigen von ihm so-genannten Othomannischen Familie: aus welcher bis auf den itzo-tyrannisirenden Mahumet IV, (den andre Achmet nennen /) 15 Stammschossen und 21 Türkische Groß Sultanen gezehlet werden. Osman starb A. 1328 / seiner Regirung im 26 und seines Alters im 69 Jahr: nachdem er 4 Jahrs vorher die Bithynische Hauptstadt Bursia oder Prusa erobert / und selbige zur Türkischen Residenz gemacht.

24. WENCESLAUS, K. Wenzels in Böheim und Polen Sohn / K. Belæ IV NachUrenkel / und Beyf. Ru- dolfs Enkel/ ward von den Ständen A. 1302 erwehlt und gekrönt; aber von seinem Vatter / wegen der Hungarischen Unruh / samt der Kron wiederum nach Prag abgeholet; und A. 1307 den 4 Aug. nunmehr König in Böheim/ 18 Jahr alt zu Olmütz in Mähren von einem Meuchelmörder hingerichtet.

25. OTTO , Herz. in Bayrn / K.
Belæ IV Enkel / und Keyſ Rudolfs Eyd
dam / erledigte die Kron von K. Wenn
zeln / und ward damit A. 1305 gekrönt.
Als er mit ſelbiger durch alle Dörfer
prangete / auch ſolche einmahl auf dem
Weg gar verlohren: nahme ihm / da er
A. 1307 in Sibenbürgen kam / der Waywod ſolche ab / und zwange ihn / daß er
ſich des Königreichs verziehe / und alſo
A. 1309 ohne Kron und Thron in Bayrn
wiederkehrte.

26. CAROLUS, Prinz von Nea-
pels / Keyſ. Rudolfs Enkel / ward endlich /
nach zehnjähriger Verſchmähung / (weil
ihn der Papſt vorgeſchlagen / und die
Hungarn ihre Wahlfreyheit nicht ver-
geben wollen /) A. 1310 den 2. Jan. gekrönt. A. 1312 ſchluge er / bey Caſchau /
den widerſpänſtigen Hungar. Parthum
num Matthäuni Graven zu Trentſchin.
A. 1330 den 17 Apr. ward er von Felician
Zaach / einem alten Keiſtgen / zu Viſe-
grad über der Tafel mördlich überfallen / in eine Hand verletzt / und der Königinn 4 Finger abgehauen : weswegen
den

den Thäter/die Trabanten zu stücken ge=
metzelt. Eben in diesem Jahr/bracht er
kümmerlich aus dem Walachischen Ge=
birge das Leben zurücke/ als er den Way=
woden Bazarad unnötig bekrieget. A.
1335 verglich er die Könige Johannsen
und Ladislaum/die aus Böheim und Pö=
len/zu ihm / als Schiedrichtern /nach
Vissegrad kamen. Sonsten regirte er wohl
und friedlich/bey 32 Jahre. Er starb da=
selbst A.1342 den 16 Jul. und ward nach
Stulweissenburg begraben.

(3) URCHAN Gasi oder Orcanes ,
Othomans Sohn/regirte bis ins 30 Jahr/
bekriegte die Griechen/ setzte / über den
Hellespont herüber/den ersten Türkischen
fus in Europa; und ist / Jahrs hernach
1358 gestorben.

(17) LUDOVICUS , K. Caroli
Sohn/der fürtrefflichste unter den Hun=
garischen Königen / erhielte Frieden zu
Haus/und kriegte drausen : wie er dann/
überhaubt 12 Kriege / meist sieghaft aus=
geführet. Die Tartarn / schluge er
A. 1346 aus Siebenbürgen / daß sie nim=
mer kamen. Den Tod seines Bruders

K. Andreæ zu Neapels/den seine Gema͏linn Johanna X. 1349 stränglen lassen
rächete er/indem er Italien dreymal über
zogen/die Mörder verjagt / und selbig
Kron ihm selber aufgesetzt. Den Vene
digern hat er nicht allein Dalmatien wi
derum/sondern auch einen Tribut / abge
drungen. Er demütigte auch die Lit
tauer / Bulgarn und Walachen. A
1371/nach seines Schwagern K. Caßimi
Tod / ward er zum König in Polen e
wehlet. Er starb A. 1382 den 11 Sep
zu Tirna/der Regirung im 41 und seine
Alters im 56 Jahr/ward zu Stulwei
burg in seiner StiftsCapelle begra
ben. Er verließ 2. Töchter / und je
ein Königreich : unter denen He
wig / Königin in Polen gekrönt und
Uladislaum Jagellon/den Fürsten in L
tew/vermählt worden.

3. *AMURATES* oder Mur
Chan , Urchans Sohn / eroberte
1359 die Stadt Callipoli am Helle
spont / ferner Philippopoli , und
1360 die Stadt Adrianopel, die er zu
Sitzstadt gemacht / und folgbar f
ga

ganz Thracia einbekommen. A. 1390
schluge er Lazarum / den Hospodar in
Servien : ward aber / wie droben er-
wähnt / von des Despoten Diener Milo
Curbilovitz erstochen/nachdem er 32 Jahre regirt/und in 37 Schlachten meist ob-
gesieget.

38. MARIA, K. Ludwigs Toch-
ter/weil ihr Bräutgam Marggr. Sigmund erst 14 Jährig / ward noch in diesem Jahr zur Königinn gekrönt.
Weil sie aber / auf Raht des Palatini
Nicolai von Gara / die Landherren übel
behandelte/ berieffen und krönten sie A.
Carln von Neapels. Als Maria diesen/
folgenden Jahrs/ermorden lassen/ wurde sie den 25 Jul. von Johann Horwath Statthalter in Croatien / gefangen / ihre Mutter im Fluß Bozwta
ertränkt / und der Palatinus samt dem
Mörder erwürgt. Als aber Sigismundus A. 1386 in Hungarn kame/ward
sie ledig gelassen/mit ihm vermählt/ und
er zum König gekrönt; Horwath aber
bekriegt/und jämmerlich hingerichtet. K.

G iiij   Ma-

Maria starb A. 1392/ ohne einigen Lei-
bes Erben.

29. CAROLUS II. zugenahmt
der Kleine, König zu Neapel/ K. Stefani V. Nach Ur Enkel / A. 1384 von den
Landständen beruffen und gekrönet/
ward im Hornung folgenden Jahrs/
auf Anstiftung der K. Maria / welche er
verdränget / von Blasio Forgacz / im
Schloß zu Ofen tödtlich verwundet/ worauf er zu Vicegrad gestorben.

4. BAJAZETES oder Bajazit Chan,
Amurats Sohn / eroberte Albanien/
schlug A. 1396 K. Sigmunden in der
blutigen Schlacht bey Nicopoli, belägerte Constantinopel ; ward A. 1400 vom
Groß Tartar Tamerlan / in Armenien
beym Berg Stella / (da 1500000 Mann
im Feld gestanden / auch über 300000
Türken und Tartarn geblieben/) geschlagen / gefangen / und 3 Jahre lang in
einem Käfich herumgeführt / in welchem der Wüterich A. 1403 sich selber er-
mordet/ nachdem er 10 Jahre Groß Sultan geheissen.

30. SI-

30. SIGISMUNDUS, Keyſ. Carls
IV. Sohn/ Keyſ. Rudolffs Aachlts Enkel/
B. Marien Gemahl / ward A. 1386
König in Hungarn. Er brachte die
Walachen zu Gehorſam/ und ließ 32 Hun=
gariſche Landherren hinrichten. Unter
ihme ward/ durch B. Laſla in Polen/ Ha=
licia und Lodomeria ; und durch die
Türcken/ Bulgaria und Servia, von Hun=
garn abgeriſſen Als er/ durch Geſand=
ten / den Groß Sultan Bajazet fragte/
mit was Recht er ihme ins Land fiele=
zeigte der Tyrann auf die Türkiſche Waf=
fen/ und ſagte : So lang wir diß Ge=
wehr führen können / haben wir
Recht und Anſpruch zu allen
Landen. Als er/ A. 1396 vor Nicopo=
li von den Türcken die Niderlag erlitten/
ward er A. 1401 von den zubor-beleidig=
ten Hungarn übel behandelt / und zu
Coklios ein halb Jahr lang gefangen
gehalten. Nachdem ihn die von Gä=
ra wieder ledig gelaſſen / hat er 1404
den Siebenbürgiſchen Waywoden Ste=
G v   fa=

fanum/ der am erſten die Türken in Hungarn eingeladen/ enthaupten laſſen. A.
1410/ den 20 Mart. ward er zum Römi-
ſchen Keyſer erwehlt : da er A. 1414
das *Concilium* zu Coſtanz (gleichwie
nachmals A. 1431 ein andres zu Baſel)
angeſtellt / A. 1415 den 6 Jul. Johann
Buſſen verbrennen laſſen / wodurch er
den 17järigen Huſſiten-Krieg angezündet. A. 1414 verſetzte er an den
König in Polen 13 Städtlein in der
Grafſchaft Zyps, üm 80000 Böhmiſche
Schock : welche ſeither nicht wieder ein-
gelöſt worden. A. 1419 ward er / von
Amurat / Sultan Mahumets Sohne/
bey Galtwbach oder Taubenberg geſchlagen. A. 1420 empfienge er die
Böhmiſche Kron / aber erſt nach 16 Jahren die Huldigung. Er ſtarb A.
1437 den 9 Decembr. zu Znaym in
Mähren / der Hungariſchen Regirung im 52 und ſeines Alters im 70
Jahr : ward nach GroßWardein begraben.

Der GroßSultan Bajazet / hatte
etli-

etliche Söhne verlaffen/ unter denen (5)
SOLIMANNUS von (6) *MUSA*,
und diefer hinwiederum von Mahu=
med / aufgerieben worden. Wann die
Chriften derZeit nicht fo zweyfpältig/
blind und trägwären gewefen / hätten fie
die Türken leichtlich aus Europa verja=
gen können.

7. *MAHUMETES* oder Mahu=
med Chan, Bajazets Sohn / kame A.
1414 / nach MufäUnterdruckung / zur
Regirung: deren er 8 Jahre vorgeftan=
den/mit feinen Nachbarn Frieden gehal=
ten/und A. 1422 geftorben.

8. *AMURATES II*, iztgedach=
ten Mahumeds Sohn / eroberte A.
1416 die Walachey,und A. 1431 die Stadt
Theffalonich in Macedonien. Dem
Georgio Caftriotæ, Scanderbeg ge=
nannt/mufte er A. 1437 Albanien wie=
der überlaffen. A. 1437 / gewann er die
Stadt Zendrew, an der Donau / und
blendete feines Schwehers / des Syr=
fifchen Defpoten/ältern Sohn mit einem
glühenden Eifen. A. 1439 belägerte er
Bel=

Belgrad vergeblich. Von Johann
Hunniade/ward er fünfmahl geschlagen:
deme er hingegen einmahl/A. 1448 / im
Cosovischen Gefilde/ wiewol mit grossem
Verlust/obgelegen. Als A. 1444 der
Hungar.K. Uladislaus / durch Verhe=
gung Papsts Eugenii IV , friedbrü=
chig worden / und ihm / da er in Anato=
lien zu kriegen hatte / ins Land eingefal=
len: zoge er wider ihn / und ward den
10 Nov. in dem Treffen bey Varna, (ei=
ner Stadt / zwischen Istropoli und
Constantinopel am Schwarzen Meer
gelegen / die vorzeiten Dionysiopolis
geheissen /) zwar erstlich geschlagen.
Als er aber Christum angeruffen / die=
sen Meineid seiner Christen zu sträf=
fen ; hat sich das Blat gewendet/
und ist K. Uladislaus mit 10000
Christen erschlagen worden : Wie=
wohl auch der Türken 30000 geblieben/
und dannenhero der Tyrann gesagt/
Er begehre nicht öfter auf sol=
che Weis zu siegen. Wiewohl er
hierauf nach Manisa sich zu Ruh be=
geben/

geben/ und die Regirung seinem Sohn
überlassen : ist er doch A. 1445 wider
zu Feld gegangen / da er das Land
Morea oder Peloponesum / und Albanien verwüstet. Er starb A. 1450
vor der Stadt Croja / aus grosser Zorns
Wut / daß er sie nicht erobern können.

31. ALBERTUS Erzherzog in
Oesterreich/K. Sigmunds einiger Tochter Elisabethen Gemahl / empfieng / in
einem Jahr 1438 / drey Kronen / die
Römische Keyserliche / Hungarische
und Böhmische. Als er A. 1439 wider den GroßTürken Amurat in Servien ausgezogen / bekame er im Rück-
weg den Durchlauf / von zuvielem
Melonen-essen / und starb zu Nesmel
den 27 Oct. der Regirung im 2 und
seines Alters im 43 Jahr : ligt zu Wien
begraben.

32. ULADISLAUS K. Ladis-
lai Jagellons in Polen Sohn / ward A.
1440 von den Ständen erwehlt / aber/
weil

weil die alte Königinn die Kron zu sich
genommen/mit einer Krone/ vom Bild=
nis K. Stefani I, zu Stulweissenburg
gekrönet. Er thäte dem GroßTür=
ken Amurat / durch Johann Hunniads
glückhafte Dapferkeit/ grossen Abbruch:
wie er dann selbsten / A. 1443 ihme viel
Plätze in Servien und Bulgarien ab=
genommen. Als er aber A. 1444/
auf Päbstlichen Antrieb / friedbrüchig
wider ihn zu Feld zoge/ward er / vorer=
zehlter massen / geschlagen und er=
schlagen / nachdem er noch nit gar
4 Jahre regirt / und 21 Jahre alt wor=
den.

33. LADISLAUS V, K. Alberti
Sohn / 4 Monat nach dessen Tod ge=
bohren/ward/ 4 Monat alt / A. 1440
auf seiner Mutter Schoß gekrönt / aber
von K. Uladislao V verdränget. Nach
dessen Tod/ward JOHANNES Hunniades von den Ständen zum Statt=
halter erwehlt: welcher nicht allein
A. 1445 und 1449 die Türken erlegt/
sondern auch A. 1456 den GroßSul=
tan Mahumed selber / als der Wütrich

die

die Stadt Griechisch Weissenburg be-
lägert/hinweggeschlagen / und mit diesem herrlichen Sieg bald hernach sein
Leben beschlossen. K. Ladislaus tratt
A.1447 in die Regirung / und ward
im folgenden Jahr zum König in
Böheim gekrönt. Er ließ Ladislao/
des Hunniads Sohne / umdaß er den
stolzen Grafen Ulrichen von Cilie in einem Kampf erwürgt/A.1457 das Haupt
abgeschlagen : ward aber von ihm vor
das Gericht GOttes geladen / dahin er
nach Jahrsfrist abfahren müssen / indem er zu Prag/A. 1458 unter der Bey-
lager-Bereitschaft / den 22 Novemb.
erkranket / folgenden Tags 18järig gestorben / und nachmals daselbst begraben
worden.

9. MUHAMETES II, Amu-
rats Sohn / that seine erste Prob vor
Constantinopel; welche er A. 1453 den
29 May / nach 54tägiger Belägerung/
mit Sturm erobert; neben dem letzten
Griechischen Keyser Constantino Palæ-
ologo (andere nennen ihn Johannes/)
40000 Christen hingerichtet / und von
Adrias

Adrianopel seinen Hofftz dahin verleget. Die Beute hat man über 120 Tonnen Gulden geschätzet: Dannenhero unter den Türken das Sprichwort entstanden / daß sie von einem Reichen gesagt ; Er hat Constantinopel ausplündern helfen. Belgrad / hat dieser Wütrich A. 1456 vergebens belägert: Aber A. 1458 die Stadt Corintho und fast ganz Morea ; A. 1461 die Keyserliche Sitzstadt Trapezunt, (da Keyf. David Comnenus mit dem ganzen Keyserlichen Geschlecht erwürgt worden;) nachmals die Inseln Lemnum , Eubœam oder Negropont und Mitilene; die Städte / Croja und Scutari im Albanien / Jaiza in Bosnien / (da er den Despoten Stefanum lebendig schinden lassen /) Caffa in Taur. Chersoneso / und Otrahto oder Hydruntum in Apulien / erobert / allwo er den ErzBischof mit einer hölzernen Säge zerschneiden lassen. Die Insul Rhodis / hat er vergeblich bestürmt. Mit Usuncassan dem K. in Persien / hat er zweymal erstens unglückl.

lich / hernach sieghaft getroffen. Endlich
1490. den 5 May hat / diesen grimmi-
gen Würger/ die Colica oder das Grim-
men erwürgt / seines Alters / im 53 und
der Regirung im 31 Jahr: Er soll zu-
den zwey Keysertümern / 12 Königs-
reiche und 2000 Städte der Christenheit
abgedrungen haben.

34. MATTHIAS, Johannis Corvini von Hunniad Sohn / kame A. 1458
aus dem Gefängnis zur Hungarischen
Krone : da hingegen K. Ladislaus/
der ihn gefangen hielte / vom Thron zu
Grab gehen müssen. Er ward aber erst
A. 1464 gekrönet / als Keys. Friderich
die Krone / gegen Erlegung 60000
Cronen/ zurücke gegeben. Er hat siebenmal durch seine FeldObristen / und
zweymal in Person die Türken geschlagen ; Jaitza samt ganz Bosnien / auch
Sabatz an der Saw / ihnen abgenommen ; die Siebenbürger und Walachen gezüchtigt ; Böheim/Mähren und
Schlesien / A. 1469 / K. Georg Podie-
braen meist ab-erobert ; endlich von A.
1481

1481 auch Keys. Friderichen aus gantz Oesterreich verjaget/und 1485 die Stadt Wien eingewonnen/daselbst er nachmals/ bis in seinen Tod / hofgehalten. Sein Hof/ware gleichsam ein Sammelplatz Gelehrter Leute : und ist / von seiner/ nach der Mohatscher-Schlacht zerstreuten trefflichen Bibliothek/annoch etwas in Ofen vorhanden / so / von etlichen Janitscharen verwachet / nit leichtlich iemand zu sehen vergunnt wird. Er starb A. 1490 den 5 Martii zu Wien gar plötzlich/vom Schlag gerührt/seines Alters im 47 und der Regirung im 32 Jahr : ligt zu Stulweissenburg begraben.

19. *BAJAZETES II*, Mahumeds Sohn / führte schwere Kriege wider den Egyptischen GroßSuldan / da er nur in einem Treffen gesieget / und in dreyen unten gelegen. Durazo oder Dyrachium in Albanien/hat er erobert; wie auch/ in Morea / die Stadt Naupactum oder Lepanto. Er schickte auch ein Heer gegen Italien / welches durch Friaul bis

an

an Cervis getobet. Er ward A. 1512/
durch ſeinen Sohn Selim / vom Thron
verdränget/da er vor Unmut / oder von
empfangenem Gifft/geſtorben/ nachdem
er ins 31 Jahr regiret / und bis auf 74
Jahre ſein Alter gebracht.

35. ULADISLAUS II, K. in Böß
heim K. Caſimirt in Polen Sohn / und
K. Alberti Enkel aus ſeiner Tochter Eli-
ſabeth / ward von den Hungariſchen
Ständen erwehlt und gekrönt / aber von
Keyſ. Maximilian üm dieſe Kron an-
gefochten : welcher/K. Matthiæ frevel
wettmachend/nicht allein Oeſterreich wiederüm / ſondern auch Stulweiſſenburg/
ſamt vielen andern Städten in Hun-
garn/ eroberte. A. 1514 verheerete Georg Zeckel mit den Creutzbezeichneten
das Hungerland : ward aber geſchlagen / gefangen / mit einer glühenden
Kron bekrönet / und ſeine Kriegs Geſel-
len / ihn aufzufreſſen / genötigt. Als
zwiſchen Keyſ. Maximilian / ihme und
K. Sigmunden in Polen/ A. 1515 eine
Erbvereinigung zu Wien vorgangen/
ſtarbe er im folgenden 1516 / ſeines Alters

ters, im 60. und der Regirung im 25
Jahr.

11. SELIM, Bajazets Sohn,
schluge A. 1514 den 26 August. den König in Persien / Schach Ismael Sophi,
(da er aber bey 30000 Türken verlohren/)
eroberte auch und beraubete die Königliche Sitzstadt Tauris. Wiederüm A.
1516 an eben dem Tag / schluge und erschluge er / den Egyptischen GroßSultan Campson Gaurus, und eroberte Syrien. Nachmals schluge er Gazellum
den Beglerbeg von Damasco / und A.
1517 den Tomombejum, Campsons
Nachfolgern / zweymal nacheinander /
den er folgends gefangen bekommen/auch
zu Alcair aufhenken lassen / und hierauf
das 300jährige Reich der Mamelu-
cken/Ægypten, Jerusalem, Arabien und
die Seeküsten von Africa, erobert. Nach
der Heimkehr/ starb er A. 1520 bey Chi-
urli/(eben an dem Ort / da er A. 1500 mit
seinem Vatter geschlagen/) an einem Ge-
schwär / als er 8 Jahr / 8 Monat und 8
Tag regirt hatte. Erließ / nicht allein
seinen Vatter/seine Brüder und ihre Söh-
ne/

ne / sondern auch seine wohlverdiente
Baffen nacheinander hinrichten / und
pflegte zu sagen : Er laffe ihm keinen langen Bart wachsen / wie sein
Vatter / damit die Baffen ihn nicht
darbey / wie sie wolten / herümführen
könden.

36. LUDOVICUS II, K. Uladislai Sohn / kame A. 1506 ohne Haut zur
Welt / mit der ihn erst die Aerzte überziehen muſten. Er empfienge / 2 und
zigig / die Hungarische und Böhmische
Kron / und trat A. 1521 nur / zjärig in den
Eheſtand. Alſo ware alles mit ihm
fürzeitig / maſſen ihm auch der Bart zu
früh gewachſen. Er fienge zu früh an /
nämlich 10järig / zu regiren. Alo er
izgedachten Jahrs Sult. Solimanns
Gefandten / auf böſen und trotzigen Eins
raht der Hungarn / ermorden laſſen / zoge er damit dieſen Tyrannen / fein und
des Reichs Verderben / über Hungarn.
Auszszsoge er nur mit 25000 Mann /
wider Solimannum / der ein Heer von
200000 Mann führte / und ward dem

19 Aug. bey Mohacz geschlagen : worauf er vom Pferd in einer Pfützen ersaufet worden / und also auch zu frühzeitig / nämlich seines Alters im 20 / der Regirung im 10 Jahr / gestorben / und zu **Stulweissenburg** begraben worden.

12. SOLIMANNUS oder Suleiman Chan, Selims einiger Sohn / die Peitsche des Königreichs Hungarn / kame A. 1521 das erstemahl / eroberte Sabaz und Griechischweissenburg. A. 1522 zoge er vor die Stadt und Insel Rhodis / die er den 25 Decembr. nach vielen Stürmen und sechsmonatlicher Belägerung / durch Ubergab einbekommen. A. 1526 kame er in Hungarn / und erlegte K. Ludwigen bey Mohacz / welchem Sieg die Ubergab der Hauptstadt Ofen nachgefolget. A. 1529 zoge er / von K. Johannn zu Hülf wider K. Ferdinanden berufen / bis vor Wien, die er vergeblich belägert / und nachmals Johannem zum König bestättigt. A. 1532 kame er wieder / belägerte mit Schand und Schaden

das

das Städlein Günz, und ward / wiewohl er bis nach Lünz streifen lassen / durch K. Ferdinandi Heer von 120000 Mann / zurückgeschrecket / und ihme ein Haufe von 40000 Mann erschlagen. Als er A. 1535 und 1536 den Schach Tamas K. in Persien überzogen / ward er das erste mahl (da er zwar Bagdat oder Babylon erobert /) vom Frost und Kälte / das andre mal von dem Feind geschlagen. A. 1541 kame er in Hungarn / unterm Schein / K. Johannis Sohn zu schützen; nahme aber nur Ofen mit List ein / und zoge also nach Haus. A. 1545 kehrte er wieder / und eroberte Gran und Stulweissenburg. Nachdem er 1564 die Insel Malta vergeblich belägert / kame er A. 1566 das Siebende mahl in Hungarn / und gewann die beyde Vestungen Gyula und Sigeth : doch hat er die Eroberung des letzten Orts nicht erlebet / indem er drey Tage vorher / 76 Jahre alt / unter seinem Gezelt mit Tod abgangen / seiner Regierung im: 46 Jahr.

37. JOHANNES, Graf zu Zyps und Waywod in Siebenbürgen ward A.

1526

1526 von den Hungarn erwehlt und gekrönt / vom K. Ferdinando verjaget/ und A.1529 von Sult. Solimann wieder eingesetzt/welchen er unverantwortlich in Hungarn beruffen. A. 1538 vertrug er sich mit K. Ferdinando / daß nach seinem Tode das Reich an Oesterreich kommen/ und darbey verbleiben solte. Er starb zu Saßebes in Sibenbürgen A.1540/ seines Alters im 53 und der Regirung im 14 Jahr / ward zu Stulweissenburg begraben.

38. FERDINANDUS , K. in Böheim / Erzherzog in Oesterreich K. Uladislai II Tochtermann/ward A. 1527 wider Johannem / zum König in Hungarn gekrönt :mit deme und dessen Sohn / auch mit Sult.Solimann/ er viel Kriege geführet/mit dem Mittlern aber A. 1562 einen achtjährigen Frieden oder Stillstand aufgerichtet.Er ward / A.1531 und 1558/zum Röm.König und Keyser erwehlt und gekrönt.Ist A.1564 den 25 Jul.im 62 Jahr seines Alters/und 35 der Hung. Regirung/zu Wien gestorben/und zu Prag begraben worden.

39. MA-

30. MAXIMILIANUS, K. Ferdinandi Sohn / ward innerhalb Jahrsfrist/ A. 1562 und 1563/ zum Böhm-und Römischen/auch Hunga-rischen König erwehlt und gekrönt. Er bekam er riegen mit Johanne/K. Johannis Sohn/mit dem er Zweyspalt A. 1570 abgestorben. Zwey Jahre vorher hatte er auch/mit Sult. Selim / einen An-land auf 8 Jahr geschlossen. Er starb A. 1570 en 12 Oct. auf dem Reichstag zu Regensburg/ ines Alters im 49 und des Hungar. Reichs im 4 Jahr.

13. SELIM II, Solimanni Sohn / tratte en 23 Sept. A. 1566, im 42 Jahr seines Alters/ e Regirung an / deren er bis ins 9 Jahr vorge-anden. A. 1570 und 1572/eroberte er Nicosia, nd Famagusta, (deren Obrister Marc. Anton. Bragadinus/wider gegebenen Accord/lebendig ge-hunden worden/) die Haupt-Städte in Cypern, mit der ganzen Insul. Es war aber / den 7 Octob-terwehnten Jahrs / sein Schiffheer von unsrer. rmada/unter Anführung Keys. Carls V. unech-t Sohns *Don Juan de Austria*, bey *Naupacto* er *Lepanto*, aufs Haubt geschlagen: da der Tür-n bey 25000 umkommen/ 4000 gefangen/und n 14000 Christen-Sclaven ledig worden. Se-n ist A. 1575 / den 9 Decembr. alt 51 Jahr / ds verfahren.

14. AMURATES III, Selims Sohn/ atte / nach Hinrichtung seiner 5 Brüder / 27 jä-g in die Regirung / die ihn nach 10 Jahren der od wieder abtretten gemacht. A. 1578 und 1580

H   griffe

griffe er den K. in Persien Schach Muhamet mi
Krieg an: da er aber mehr verlohren/ als gewon
nen. Er ist A.1595/ seines Alters im 47/ gestor
ben/ nachdem er 162. Kinder gezeuget.

49. RUDOLPHUS, K. Maximilian
Sohn/ ward A.1572 den 25 Sept. König in Hun
garn/ auch nach 3 Jahren Röm. und Böhmische
König. Unter dessen Regirung/ ward A. 1582
von Papst Gregorio XIII, der Neue Calender
auch in Hungarn/eingeführt. A. 1584. erlänger
te er/ mit Sult. Amurat/ den Friedens-Anstan
auf 8 Jahre. Nachmals hat er/ von A. 1591/ mi
3 Groß Sultanen/ gantzer 15. Jahre/ durch sein
Feld Obristen/ Krieg geführet/ in etlichen Treffen
insonderheit bey Sisek/ Gran und Stulweissen
burg/ viel 1000. Türcken erschlagen/ und ihne
Fillek/ Novigrad/ Hatwan/ Papa/ Dotis/ Vice
grad/ und andere Vestungen abgenommen. Hin
gegen verlohre er Sisek/ Palota/ Vesprin/ Erla
Canisa: und sein Bruder Erzh. Maximilian/ kam
A. 1596. um den Sieg bey Erla/ indem die Völke
zu bald auf die Beute geplatzet. A. 1591. ward
wider den Erbfend/ die Bet-Glocke und das Tür
ken-Gebet angeordnet. A. 1604/ gebare die Re
ligions-Zwentracht den Botskaischen Aufstand
welcher/ und der 15 järige Türkenkrieg/ A. 160
durch einen Vertrag und Anstand auf 20 Jahre
beygelegt worden. K. Rudolfus starb zu Prag
den 10 Jan. A. 1612/ im 60 Jahr seines Alter
und 40 des Hungar. Reichs/ (welches er zwar
scho

ſchon 4 Jahre vorher / ſeinem Bruder Matthiæ abgetretten/) und ward alda zu Prag begraben.

15. *MAHUMETES III*, Amurats Sohn/ ward A. 1596 von Erzh. Maximiliani bey Erla geſchlagen: da er / wiewohl die Seinen noch geſieget / nicht aufgehört zu fliehen / bis er nach Conſtantinopel gelanget. Er hat / als er das Reich angetretten / ſeine 19 Brüder erwürgen / und 10 ſchwangre Kebsweiber ſeines Vatters / üm/ ihre männliche Geburt auch zu tödten / verwahren laſſen. Dreyer ſeiner Schweſtern/ hat er ſich zu Kebsweibern gebraucht. Er ſtarb A. 1604 den 21 Sept. ſeiner Regirung im 9 Jahr / nachdem er kurz vorher ſeine Gemahlin die Sultanim/ ſamt ſeinem erſtgebohrnen Sohn / aus Argwahn einer Regirſucht/ hinrichten laſſen.

16. *ACHMET Chan*, Mahumets Sohn/ tratte mit 14 Jahren und einem Vormund in die Regirung. Mit dem König in Perſien Schach Abas kriegte er unglücklich/ verlohre alles wieder/ was ſeine Vorfahren erobert/ und in etlichen Treffen bey 100000 Mann. Mit K Matthia/ machte er A. 1615. einen Frieden auf 30 Jahre. Er ſtarb A. 1619/ als er 15 Jahre regirt und ins 30 Jahr gelebt hatte.

41. *MATTHIAS II*, K. Maximiliani Sohn/ drange A. 1608 ſeinem Bruder K Rudolb die Hungariſche Kron ab: mit deren er/ den 19 Nov. zum König in Hungarn; auch nachmals A. 1611 zum K. in Böheim / und A. 1612 zum Röm. Keyſer gekrönt worden. Nächſten Jahrs

H ij

vor

vor seinem Tod A. 1618/ erschiene vom 26. Octob.
an/ 30 Tage lang/ der schreckliche Comet und Ru-
ten = Stern / welcher unsrem Teutschlande eben
soviel Plag-Jahre/ leider! nur allzu warhaftig
geweissaget. K. Matthias starb A. 1619 den 10
Martii/ seines Alters im 63 und der Hungar. Regirung im 11 Jahr.

42. FERDINANDUS II, Erzh. Carls
Sohn/ und K. Ferdinandi I Enkel/ ward König
in Hungarn A. 1618 den 1. Jul. gleichwie im folgenden und vorhergehendem Jahr/ Röm. Kryser
und König in Böheim. Er schluge A. 1620 den
8 Nov. durch Herz. Maximilian in Bayrn/ Gr.
Tilly und Buquoy/ die Böhmen auf dem Weis-
senberg: und A. 1626 den 27 Aug. das Heer K.
Christians in Dennemark / bey Königsluter.
Bethlem Gabor / der Fürst in Siebenbürgen/
ware vorigen Jahrs in Hungarn eingefallen/
und hatte Preßburg samt fast all andern Ober-
Hungarischen Städten erobert: der ward/ A.
1620 den 25 Aug. zun König in Hungarn erweh-
let/ hat jedoch A. 1622 sich mit K. Ferdinando ver-
tragen/ und Hungarn geräumet. Als er im folgenden Jahr/ mit Hülf der Türken/ abermals eingefallen: ward A. 1624 und 1627 die Sache wie-
derum/ durch völligen Friedenschluß/ beygelegt/
und A. 1629 den 15 Nov. dieser Krieg durch Ga-
briel Bethlens Tod geendet. A. 1630. den 24 Jun.
kame wider ihn/ K. Gustavus Adolfus/ aus Sueden: der nach 2 Jahren / in der Schlacht bey Lü-
tzen/ den 6 Nov. umkommen. Es ward aber die-
sel

ſer Krieg von den Sueden / mit Hülf der Fran-
zoſen / wider ihn fortgeführet. Er ſtarb / A. 1637
den 15 Febr. ſeines Alters im 59 und der Hungar-
Regirung im 19 Jahr.

17. *MUSTAPHA* Chan, Mahumets
Sohn / den ſein Bruder Achmet / wider die Mu-
ſulmaniſche Gewohnheit / leben laſſen / folgte ihm
A. 1519 in der Regirung: ward aber von deſſen
Sohn Oſman in Gefängnis gelegt. Nach Oſmans Hinrichtung / ſprang er zwar abermals auf
den Thron: ward aber / folgenden Jahrs / wiederum in ſeine alte Herberg eingewieſen / daſelbſt
er auch geſtorben.

18. *OTHOMANNUS II*, Achmets
Sohn / nachdem er A. 1620 die Regirung angetretten / ſchluge er im folgenden Jahr / ein Heer
von 90000. Polen / die in die Walachey eingefallen waren. Er ward aber nachmals wiederum /
in etlichen Treffen / von den Polen geſchlagen. Als
die Janizaren zum öftern wider ihn aufrührten /
nahme er eine Reiſe nach Mecha zum Grab Ma-
omets vor / entſchloſſen / die Janizaren unterwegs
gantz auszurotten / und den Keyſerlichen Sitz nach
Damaſco zuverwandeln. Aber die Janizaren /
denen diß ſein Vorhaben für Ohren kame / überfielen ihn im Seraglia / und ſetzten ihn ins Caſtell
der ſieben Thürne gefangen: daſelbſt ihn Muſta-
phas A. 1622 den 20 May erwürgen laſſen / nachdem er nur 2 Jahre tyranniſirt hatte.

19. *AMURATES IV*, Achmets Sohn
und Oſmans Bruder / wurde A. 1623 von den Ja-

nizaren

nisaren auf den Thron gesetzet. Er ward/ A. 1624/
von den Tarkarn/ und A. 1626 von den Persen geschlagen. A. 1625/ erneuerte er den Frieden mit
K. Ferdinanden / welcher nachmals A. 1629 auf
26 Jahre verlängert worden. Unter ihm soll/ A.
1630/ die Stadt Mecha durch ein Erdbeben er-
schüttert/ Mahomets Tempel zerfallen / und sein
Sarg durch ein Gewässer hinweggeführt worden
seyn. Ferner/ als man A. 1633 zu Constantinopel
seinen des GroßSultans Geburtstag begangen/
ist fast das Drittheil von der Stadt im Feuer auf-
geflogen. Nachdem er A. 1639 Babylon erobert/
ist er im folgenden 1640/ seines Alters im 33/ und
der Regirung im 17 Jahr/ gestorben.

43. FERDINANDUS III, K. Ferdi-
nandi II Sohn / ward König in Hungarn A. 1625
den 18 Dec. und zwey Jahr hernach / König in
Böheim: endlich auch A. 1636 Römischer Keyser.
A. 1634 (gleichwie auch A. 1647/) zoge er / wider
die Sueden und Uniirten persönlich zu Feld / und
obsiegete ihnen den 6 Sept. in dem namhaften
Treffen bey Nördlingen: welcher Sieg die Stän-
de wieder in Keyserliche Devotion gebracht / und
den Prager-Friedenschluß nach sich gezogen. A.
1642 machte er auch Frieden/ mit dem GroßTürken Ibrahim: und wiederum A. 1649/ mit ihre-
gem Mahumet IV; auf 20 Jahre. Zur Zeit des
Suedischen Einfalls in Mähren und Oesterreich/
ward er vom Sibenbürgischen Fürsten Georg
Rakoczi bekrieget: den er gedemütigt / und nach
Jahren sich mit ihm vertragen. Er ware zugleich

gleich ein dapfrer glückhafter Kriegsheld / und
ein-Friedliebender Reichsvatter. Wie er dann /
Ruhe und Eintracht zuerhalten / A. 1649 und
1655 den Hungarn die ReligionsFreyheit ver-
willigt: auch A. 1648 den 14 Octob. zu Osnabrück /
und A. 1650 den 20 Jun. zu Nürnberg / mit beyden Cronen / Frankreich und Sueden / einen ewigen Frieden geschlossen / und also dem Reich / nach
30 Blut-triefenden Kriegs-Jahren / die langge-
wünschte Ruhe widerfahren lassen. A. 1649
und 1654 / erlitte er zween harte Herzstösse : indem
ihm ein unversehener Tod / erstlich seine Aller-
schönste Höchstübertrefflichste Gemahlinn / die
Keyserinn Leopoldinam Mariam ; darnach seinen theuern Sohn und Thron-Erben Ferdinan-
dum IV. Römischen König / von der Seiten hin-
weggerissen. Er starb hierauf A. 1657 den 2.
Apr. seines Alters im 49 und der Hungarischen
Regirung im 32 Jahr : von 3 Gemahlinnen /
von jeder einen Sohn hinterlassend / deren der
jüngste im folgenden / Carolus Josephus aber
in diesem 1664 Jahr den 17. 27 Jan. todes verfahren.

    20. *IBRAHIM*, Amurats Bruder / folg-
te ihm 27 järig in der Regirung / deren er 8 Jahre
lang vorgestanden. Als A. 1644 ihm die Mal-
teser ein Schiff / mit etlichen seinen Kebsweibern
und einem Schatz von 4 Millionen / abgenommen: ergrimmete er wider die Christenheit / rü-
stete eine Flotte von achthalbhundert Schiffen in
die See / fiele damit in die Venedische Insel Can-

dia, vorzeiten Creta genannt / eroberte nach 54
tätiger Belägerung / wiewohl mit Verlust 40000
Mann / A. 1645 den 12. 22 Sept. die Vistung
Canea, und im folgenden Jahr / Rotino. Er
nahme auch zu Land / in Dalmatien / der Signo-
ria viel Plätze ab: allwo er hingegen derer etliche / unter andern Scardona und Clicca / verlohren. Endlich / weil er zuhaus sehr tyrannisirte /
ward er A. 1648 von den Janitscharen im Seraglia überfallen / geschlagen / gescholten / gefangen
gelegt / und nachmals im Monat Augusto mit einem seidenen Strick erwürget.

21. *MAHUMET IV*, Ibrahims Sohn /
empfinge A. 1648 neunjärig das Regiment / und
verlängerte A. 1650 den Frieden mit K. Ferdinando III auf 20 Jahr: den er aber / Türkischer
Gewonheit nach / wenig gehalten. A. 1658 wurde ihm / von der Herrschaft Venedig / eine Flotta
von 119 Schiffen bey den beyden MeerCastellen
Dardanelli geschlagen: da nur 14 Schiffe davon-
6000 Türken úm-kommen und 5000 gefangen /
hingegen 4000 ChristenSlaven erledigt worden.
A. 1657 setzte er Georgen Ragoczi ab / (ümwillen
er den Sueden wider Polen zuhülf gezogen) und
hingegen *Achatium Barczay* zum Fürsten in Siebenbürgen ein. Nachdem Ragoczi A. 1659 geschlagen worden / und den 27 May an empfange-
nen Wunden gestorben / aber dessen Feldherr *Ke-
min-Janos* sich zum Fürsten aufgeworfen / und
A. 1661 den Barczay enthäubten lassen: verord-
nete er / an dessen stat / itztregirenden Michael
A Baffi,

A Bassi, des Stadtrichters von Hermanstadt
Sohn / zum Fürsten / von welchem A. 1662 der
Kemini erschlagen worden. A. 1658 erlitte er bey
Bursa in Natolien eine Niderlag/ durch den auf-
rührischen Bassa von Alepo. In diesem und folgenden Jahr / liesse der Tyrann 2 GroßVezier
und Muphti nacheinander / die ersten strängeln/
die zweyten enthäubten. A. 1660 den 17 Aug,
eroberte er / durch den Aly Bassa / die Hungar-
GränßVestung Gros Wardein: da unterdessen/
eine Brunst zu Constantinopel/ fast zwey Drittheil der Stadt / samt etlich 1000 Menschen/ hin-
weggefressen. Helfe die Vorbitt JEsu Christi /
daß nun einst der Zorn GOttes über den Mahu-
metischen WiderChrist entbrennen / und ihn von
der Erde tilgen möge.

44. FERDINANDUS IV, ward K. in
Hungarn den 16 Jun. A. 1647/ gleichwie Jahrs
vorher Böhmischer und A. 1653 Römischer König.
Er starb aber folgenden 1654 Jahrs den 9. Jul.
im 20 Jahr seines Alters / eine Million unsrer
Hoffnungen mit sich zu Grab nehmend: daher von
ihme/ wie beym Virgilio * von dem Keyserlichen
Prinzen Marcello/ hat können gesagt werden:

Uns hat ja der Himmel Diesen/
nicht gegönnet/ nur gewiesen.

45. LEOPOLDUS, K. Ferdinandi III
Sohn/ im Oesterreichischen Stammen diß Nah-
H v   mens

* Æneid. l. IV. ÿ. 868. Ostendent terris Hunc
tantum fata, neq; ultra Esse sinent.

mens der Siebende / iztregirender Allerdurchleuch-
tigster Römischer Kenser und unser Allergnädig-
ster Reichsvatter : Ist gebohrn A. 1640 den 9
Junii / von Fr. Maria Anna / K. Philippi III
in Hispanien Tochter ; hat A. 1655 im Monat
Januario die Huldigung / von den Oesterreichischen Ständen / und den 27. Jun. die Hungarische / auch A. 1656 den 14 Sept. die Böhmische /
und A. 1658 / nach den 8. Julii beschehener Wahl /
den 25 diß die Röm. Kenserliche Kron / empfangen.
Nachdem S. Maj. dem Fürsten Kemin Janos
zuhülf / unter Anführung des H. FeldMarschalls
Montecuculi / 22000 Mann nach Sibenbürgen
gesendet / thäten sie mit dem H. Fürsten Portia
eine Reise nach Crain / da sie unterwegs zu Gräz /
A. 1660 den 12 Jun. die Steyrische Landstände
in Eid und Pflicht genommen. Was ferner / zwischen Sr. Maj. und dem GroßTürken / in Hungarn sither vorgegangen / wird hiemit dem wehrten Leser kürzlich vor Augen gestellet.

❋❋❋❋❋❋❋❋❋❋❋❋❋❋❋❋❋❋

Türken Kriegs-Verlauf.

A. 1662 im Monat Julio / begab sich der
GroßSultan / mit 20000 zu Pferd und 40000
zu Fuß / von Constantinopel ins freye Feld hinaus /
und nachdem er daselbst vor dem ganzen Heer den
Kriegsmann gespielet / zoge er mit demselben auf
Adrianopel. Die Ursach dieses seines Kriegs-
zuge

zugs war / daß er an die Röm. Keys. Maj. die D
molirung des Orts NeuSerinwar / die Auslief
rung der Person H. Grafens Ntl. von Serin
die Abtrettung der besetzten Vestungen in Sieben
bürgen / den Paß durch Friaul / einen jährliche
Tribut samt noch etlich hinterstelltgen / und
Millionen Gelds vor aufgewandten Kriegskosten
begehret und nicht erhalten: dafür ihn / der vo
GOtt auf seinen heiligen Berg Zion einge
setzte König JESUS CHRISTUS
mit einem eisernen Zepter zuschlagen un
seine Türken wie Töpfe zerschmeissen müsse.

A. 1663 im Monat May / brache der Türki
sche GroßVezier Mehmet Bassa / mit dem Hee
zu Adrianopel auf / und kame den 8. 18 Junii
Griechisch Weissenburg an.

Den 11 / brache er von dannen wieder auf
und kame den 16 / mit 70000 Männ und 13
Stücken / bey Essek an: von dar er den 25 über di
lange Brücken / und über Ofen gegen Gran / zoge.

Den 27 Julii / nachdem der gütige Himmel /
unsere Unbereitschaft sehend / mit stätswürigem
Regenwetter und Schwällung der Wasser / di
Türken ein Monat lang zu Gran an und zurück
gehalten / fiengen sie an / über die Schiffbrucken
hinüber zugehen / und sich bey Barkan zusetzen.

Den 29 / geschahe / unter H. Gr. Adam For-
gatschens Anführung / das unglückhaffte Treffen
bey gedachtem Barkan: da über 4000 Christen
(der

(der Türken etwan 1000) geblieben/und bey 100 gefangen worden.

Den 3. 13 Augusti / ward NeuSerinwar vo: 10000 Türken/ aber vergebens und mit Verlust attaquirt.

Den 7/ kam der GroßVezier / mit der gantzen Armee/ vor die Vestung Neuhäusl/ dieselbe zube lägern: die dann/ unter Commando itztgedachten Grafens und anderer Obristen/ mit 5000 Mann besetzt ware.

Den 24/ setzten bey 20000 Türken und Tartarn über den Wag-Fluß / und fielen folgends über die March in Mähren: da sie dann/ mit Morden/Brennen und Rauben/grossen Schrecken erweckt / auch / in diesem und darauf -folgendem Streif / über 20000 ChristenSeelen hinweg geführet.

Den 16 / gienge Neuhäusl, durch Accord / an den GroßVezier über / nachdem er etliche 1000 Mann davor verlohren: sind der Teutschen 2500 / mit Sack und Pack abgezogen/die Hungarn aber zu des Erbfeinds Diensten in der Vestung verblieben.

Den 23 / ward Lewenz folgends auch Nitria und Novigad an die Türken aufgegeben.

Den 6. 16 Octobr. schluge H. Gr. Peter von Serin / in Croatien / den Chengy Bassa: da der Türken bey 2000 / neben vielen Vornehmen/ erschlagen und gefangen worden.

Den 10. 20 Novembr. kam der GroßVezier mit den Völkern zu Ofen/und den 15 zu Griechisch-

Weissen

nburg an : von dar sie folgends nach Haus
en.

17/als ein Heer Türken und Tartarn/bey
Serinwar über die Muer setzen wollen wur=
er bey 3000/ durch H. Gr. Niel. von Se=
egt und im Strom ertränket.

n 21 brachen Ihr. Keys. Maj. von Wien
men den 26 nach Linz / reiseten von dar den
er ab / und kamen den 12 Decembr. glück=
Regensburg an/ alda dem Reichstag bey=
sen.

123/ erschiene zu Grätz/ und 15 Tage her=
uch zu Radkelsburg / in Steyr/ ein Comet
alt eines gehörnten Monds; welcher einen
dreygespitzten Schweif gegen Mitter=
einen dergleichen etwas kürzern gegen Ni=
3/und zwey kleine gegen Mittag/ dahin er
: Hörner gekehret/ von sich strahlete.

564 den 11. 21 Januarii machten sich/ beyde
Grafen und Generale von Hohenloh und
mit 18000 Mann von Serinwar auf/ et=
sfall in die Nider Hung. Türken zuthuen.

13 wurde Bresnitz, den 15 Babocza , zwo
gen durch Aufgab ; den 19/ die Stadt
chen, durch Sturm erobert / aber das
daselbst vergeblich belägert.

120/ machte H. Gr. von Serin sich gegen
uf/ alda er den 22 angelanget/und die heri=
ucken, (welche mehr einer Gallerie als
n ähnlich/ Solimannus A. 1665/ über die
und den daran stossenden Morast / 8565
Schritte

Schritte lang und 17 breit / durch 25000 Mann
zu 10 Tagen / schlagen und verfärtigen lassen / ?
den Türken den Herüberzug abzuschneiden / gan;
in die Asche gelegt.

Den 25 / kame er wieder zu Fünfkirchen an: da
man den 27 die Stadt in brand steckte / und wieder
abzoge / weil man zur Belägerung des Schlosses
nicht mit Notturft versehen war.

Den 3 Febr. ward die Vestung Segest durch U.
bergab erobert: worauf man den 5 zu Serinwar
wieder angelänget / nachdeme / in diesem Uberfall
bey 500 Dörfer eingeäschert worden.

Den 10.20 April / lagerte sich H. General Gr
de Souches vor Nitria: da er die Stadt mit
Sturm / und den 23 A. E. die Vestung mit Accort
erobert.

Den 18. 28 / begunten die Generale und Gra;
fen von Hohenloh und Serin / und H. Gr. Pete
Strozzi / die Vestung Canischa mit 12000 Teut
schen und 4000 Hungarn zubelägern.

Den 6. 16 May / ward H. Gr. de Souches vor
14000 Türken angegriffen: denen er / mit wenig
Volk / bey Gernowitz an der Gran / 1000 Mann
abgeschlagen.

Den 1 Junii N. E. ward die Belägerung vr
Canischa. als der Groß Vezier mit 70000 Man
zu Entsatz kame / von den unsern aufgehoben / di
sich nach Serinwar retirirt.

Den 6 diß / N. E. geschahe das zweyte Treffe
an der Muer bey Serinwar: da die Generalen H
Gr. von Hohenloh und H. Gr. Peter Strozzi
mi

...auserlesener Dapferkeit gefochten/und dieser theu-
Held die erhaltene Victorie / mit seinem Blut
o Tod versigelt.

Den 7 N. C. fienge der Groß Bezier an/ die
...stung Serinvvar zubelägern.

Den 9 begunte H. Gr. de Souches Lewenz
...gern: da er gleichfalls die Stadt mit Sturm/
...en 3. 13 das Schloß durch Aufgab/ erobert.

...en 5 N. C. sind Jhr. Keys. Maj. von Re-
...sburg über Linz wiederum zu Wien angelanget.

Den 20. 30/ ward Serinvvar vom Feind mit
...in erobert/ da in der Abflucht bey 1000 der
...rr niedergemacht worden / oder im Wasser
...orben. Den 28/ haben sie den Ort zerspren-
/und 3 Tage lang zu grund geschleifft.

Den 1 Julii N. C. wurden von Jhr. Maj. in
...son/ bey Muckendorf in Unter-Oesterreich/die
...nösische Auxiliar-Völker beneventirt und ge-
...ommet.

...n 9. 19 als 25000 Türken Lewenz beläger-
...schlug sie H. Gr. de Souches mit wenig Vol-
...daß 6000 Türken auf dem Platz blieben / und
...ganze Lager ihm zu theil worden.

Den 1 Augusti N. C. setzte die Türkische Haubt-
...mee über die Rab herüber / und überfiele das
...istliche Lager: da sie aber / mit Verlust mehr
...000 Mann ihrer bästen und vornehmsten
...r (obwohl der Unsren nicht viel weniger
...ieben/) zuruck geschlagen und in den Fluß ge-
...t worden.

Eben an diesem Tag hat H. Gen. de Souches
das

das Städtlein Barkan gegen Gran über/ſam
Schiffbrucken daſelbſt/ erobert und verbr
Iſt aber beydes ſeither/vom Groß Vezier/
erbauet worden. Als den 8 Septemb. N.
etliche Keyſerl. Galleoten/dieſe Brücke zu zerſ
tern abgefahren/ kam es zum Gefechte/ da/
gar geringem Verluſt der Unſern/ eine Türk
Tſchaike geſenkt und bey 100 Türken ins kalte
geſchickt worden. Hat alſo/unſer Donau-Strt
einen Trunk Türkenbluts bekommen: wobey
dann hiemit uns mit ihm ablezen/ und geben
(den Feinden Chriſti die Bekehrung/ oder
endliche Verſtörung/ anwünſchend) dieſer
Beſchreibung ihr endliches

E N D E.

Der wehrte Leſer/wolle/folgende Fehle
Druck Preſſe/mit der Feder bäſſern/und die d
befindliche ſelbſten ausſezen. Pag. 8. l. 3. p. 16.
p. 34. l. 5. *Cluverus.* p. 18. l. 11. *Tanais* an der.
Maotis. p. 24. l. 4. ſtürzet ſich. p. 39. l. 14. we
p. 46. l. 18. Fiſtriz. l. 19. Czena. p. 48. l. 4.
p. 53. im Column Tit. dele, *Papa.* p. 54. Col
Tit. *Don. in Hung. Papa.* p. 73. l. 1. Keyſ. l. 2.
A. p. 86. l. 24. ſich in die. p. 90. l. 10. Bog/
p. 95. l. 7. *Dalm. am.* p. 115. l. 24. *Drenale.*

www.ingramcontent.com/pod-product-compliance
Lightning Source LLC
Chambersburg PA
CBHW021711210326
41599CB00013B/1612